趣味百科全知道

QUWEI BAIKE QUAN...

启迪青少年智慧的

qidi qingshaonian zhihui de diqiubaike

地球百科

陈书凯 编著

中国纺织出版社

内 容 提 要

沼泽里有什么呢？海市蜃楼是怎么形成的？极昼极夜又是怎么回事呢……地理知识既复杂又有趣，是孩子们非常渴望了解的一个领域。本书通过通俗的语言、科学的阐述，为小读者揭开地理知识的层层面纱，让他们在轻松快乐的读书过程中开阔眼界。

图书在版编目（CIP）数据

启迪青少年智慧的地球百科 / 陈书凯编著. --北京：中国纺织出版社，2013.1（2023.4重印）

（趣味百科全知道）

ISBN 978-7-5064-9018-4

Ⅰ. ①启… Ⅱ. ①陈… Ⅲ. ①地球-青年读物②地球-少年读物 Ⅳ. ①P183-49

中国版本图书馆CIP数据核字(2012)第188661号

策划编辑：曲小月　　责任编辑：宋　蕊

特约编辑：文　浩　　责任印制：储志伟

中国纺织出版社出版发行

地址：北京东直门南大街 6 号 邮政编码：100027

邮购电话：010—64168110　　传真：010—64168231

http://www.c-textilep.com

E-mail: faxing@c-textilep.com

永清县晔盛亚胶印有限公司印刷　各地新华书店经销

2013年1月第1版　2023年4月第2次印刷

开本：787×1092　1/16　印张：14

字数：150千字　定价：42.00元

前言

大多数青少年天真活泼、富于幻想，有很强的好奇心和求知欲，对身边的新鲜事物总想探究一下，“为什么”也成了他们最常用的语言之一。这个时候我们家长千万不能不去理睬、不去回应他们的好奇心，也不要随便找一本百科全书就扔给他们。作为孩子知识的启蒙教育者，我们更应该精心挑选一些适合他们的生动有趣的知识性图书，并且要积极引导他们在阅读过程中多多思考。这样才能够使他们真正获得丰富、实用的知识，同时，也能够培养他们主动思考的好习惯，从而开阔他们的视野，并有益于他们未来的人生道路。

这套丛书正是针对青少年的心理、智力、个性特点，从一个个简单、有趣的故事中，从一幅幅漂亮、有趣的插图上，让他们在一个最轻松、舒适的氛围下，从本书中探知他们从前所不知道的世界，并获得丰富、实用的知识。

如今这个时代，人们极力呼吁素质教育的来临，并大力鼓吹能力的重要性。从我们的成长经历来看，能力最初来源于知识的不断积累和对思维方式的创新、开发。从无数的例子中我们发现，最初孩子并不常对某些事情发表看法，最主要的原因是他们对这些事情一无所知。

而后，一旦他们非常了解了一件事情，即使是内向的孩子，也会想要将自己的想法告诉别人，如果得到鼓励，他将会更加积极地探究、思考更多的事情。如此一来，并长此以往，孩子们的头脑中关于思考、创新的部分将得到极大的锻炼和培养，其结果一定利于他们未来的人生道路。

为此，我们特意编写了这套蕴涵着丰富知识的系列丛书。在兼具着科学性和趣味性的同时，结合了当今时代的特征和少年儿童的特点，将最新的科学、人文知识介绍给广大的小读者们。这不仅是帮助他们认识世界、了解世界的窗口，也是对课本内容的补充和深化，同时更有助于提高青少年们的综合素质和个人能力。

编著者

2012年10月

目录

一 天气的奥秘

二　地球的奥秘

三 水域的奥秘

四 岛的奥秘

五　沙漠的奥秘

六　其他

地球百科

>>> 启迪青少年智慧的地球百科

一 天气的奥秘

1　雾是怎样形成的

在一些深秋的早晨，我们会在起床后发现外面白茫茫的一片，几步之外就看不清东西，然后我们说：起雾了。

其实，雾是由数不清的小水滴形成的，就像云一样。雾的形成需要三个条件：空气中有大量的尘埃等凝结核，充足的水汽，空气变冷。秋冬季节，在比较湿润的地区，由于昼夜温差比较大，白天受太阳照射，水汽大量蒸发，到了晚上，气温下降，空气变冷，水分子就不断凝结在空气中悬浮的一些小颗粒上，变成了无数的小水滴，形成了雾。而海面上的雾多半是由于暖湿空气吹过冰冷的海面形成的。这种浓度高、范围大、持续时间长的大雾现象，多生成于寒冷区域。我国春夏季节，东海、黄海区域的海雾多属于这一种。

雾对交通的影响很大，飞机遇上大雾天气将难以起飞或降落，而且长期的阴冷多雾气候也会影响农作物的生长发育。

1. 雾一般是在（　）出现的。

A. 早晨　B. 下午　C. 夜晚

2. 海面上的雾多半生成在（　）。

A. 炎热区域　B. 温暖区域　C. 寒冷区域

答案：1.A 2.C

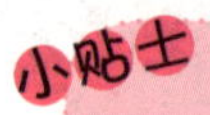

雾的危害

雾对交通运输和农业生产都有很大危害。大雾属于灾害性天气，雾和空气中的污染物质结合在一起还会严重危害到人的身体健康。所以，在大雾天气，人们应当减少外出，更不要在雾天进行锻炼，以免对身体造成危害。

2 露水是怎样形成的

春秋季节的早晨，在田间野外，我们会发现树叶、草丛上有许多晶莹的小水珠，这就是露水。

露水四季都有，尤其秋天特别多。晴朗无云的夜间，地面热量散失很快，气温也会随之迅速下降。温度降低，空气中所含的水汽就附着在草上、树叶上凝成细小的水珠，从而形成露水。

露水需在大气较稳定、风小、天空晴朗少云、地面热量散失快的天气条件下才能形成。如果夜间天空有云，地面就像盖上了一床棉被，热量碰到云层后，一部分折回大地，另一部分则被云层吸收，被云层吸收的这部分热量，以后又会慢慢地放射到地面上，使地面的气温不容易下降，露水就很难出现；如果夜间风比较大，风使上下空气对流，提高了地面空气的温度，使水汽扩散，露水也很难形成。

露水对农作物很有好处，露水像雨一样，能滋润土壤，起到帮助植物生长的作用。

1. 露水最多的季节是（　）。

A. 冬季　B. 夏季　C. 秋季

2. （　）不是露水产生需要的条件。

A. 晴朗　B. 大风　C. 少云

答案：1.C 2.B

小贴士

有露水时天会晴

在晴朗无云的夜间，地面散热很快，空气中含水汽的能力减弱，水汽就纷纷附着到植物上，形成了露水。而多云的夜晚，地面热量不易散失，气温不下降，蓄含的水汽也就不容易凝结成露水了。

3 为什么会发洪水

洪水是一种自然灾害，会给人们带来很大的痛苦和损失。1998 年长江发生的特大洪水就给我们的国家和人民造成了巨大损失及深重的灾难。

洪水是由于暴雨、融雪、融冰和水库溃坝等引起河川、湖泊及海洋的水流增大或水位急剧上涨的现象。按成因和地理位置的不同，常分为暴雨洪水、融雪洪水、冰凌洪水、山洪以及溃坝洪水等。海啸、风暴潮等也可以引起洪水灾害。

洪水一般出现在多雨的夏天和秋天，雨水降落到地面以后，大部分顺着

地面流入江河。雨下得越大，时间越集中，流入江河的水就越多。如果在短时间内有大量的水流入江河，水量超过了江河的最大输送能力，就会发生洪水，引发水灾。另外，洪水的形成也受当地的气候、植被等自然因素以及人类活动等因素的影响。

想一想

1. 洪水一般发生在（　）。

A. 春天和夏天　B 夏天和秋天

C. 秋天和冬天

2. 洪水是一种（　）。

A. 自然灾害　B. 人为灾害　C. 人为现象

答案：1.B 2.A

小贴士

自然灾害

凡是危害人类生命、财产和生存条件的各类事件，都可以称之为灾害。而由自然变异所引发的灾害就称为自然灾害，如地震、洪水、飓风、冰雹以及土地沙漠化、水土流失、环境恶化等都属于自然灾害。

4 为什么会形成寒潮

冬季，我们经常会受到寒潮的侵袭。那么，寒潮是怎么形成的呢？

冰雪封冻的北极地区和高纬度寒冷地区是北半球寒潮的发源地。在冬季，北极地区很少受到阳光的辐射，便逐渐消耗夏季积存的热量，导致温度逐渐下降，这样，高纬度地区就成了冰雪世界。冰雪又把太阳辐射的热量反射回去，极地便更加寒冷，冷空气就越积越多。

随着冷空气的逐渐增多，此处的气压大大高于南方。遇到适当的条件，冷空气就大举南下，形成寒潮。影响我国的寒潮主要来自于西伯利亚，从西北方来的寒潮途经西伯利亚时，冷空气加强，就形成冬季我国的大风和雨雪天气。

想一想

冰雪封冻的北极地区和高纬度寒冷地区，是（ ）寒潮的发源地。

A. 南半球 B. 北半球 C. 不清楚

答案：B

小贴士

地球上的纬度

地球表面南北距离的度数，以赤道为零度，以北为北纬，以南为南纬，各90度。通过某地的纬线跟赤道相距的度数，就是该地的纬度。纬度越高，越接近两极，气候也就越冷。

5 为什么雷雨前天气闷热

夏天的时候，经常下雷雨，雷雨来临之前，通常天气闷热，让人觉得透不过气来。但是，为什么雷雨前会天气闷热呢？

因为雷雨的形成需要两个条件：一是地面上温度要高，二是大气层里湿度要大。地面上热，靠近地面的空气温度就会升得很高，轻轻地浮向高空。但是如果只是热，空气很干燥的话，雷雨也不会发生，只有湿度大，有潮湿的空气上升到高空，才会形成雷雨云。天空有了雷雨云，就可能有雷雨发生。

大气里温度高了，水汽多了，这时候地面上的水不易蒸发，人身上的汗也不容易干，这样我们就会感到十分闷热。每个人都有过这样的经历，我们在浴室里洗澡时往往会感到又热又闷，这就是由于浴室里温度高、水汽多的缘故。所以，闷热是大气里水汽多、温度高的表现，也就是雷雨发生的预兆。

想一想

1.（　）不是雷雨形成的条件。

A. 地面温度高　B. 大气湿度大　C. 天空有太阳

2. 雷雨前会感到闷热的原因是（　）。

A. 大气温度高、水汽多　B. 温度很高

C. 天气潮湿

答案：1.C 2.A

小贴士

降雨的类别

最常用的对降雨的分类方法是按降水量的多少来划分降雨的等级。根据国家气象部门规定的降水量标准，将雨分为小雨、中雨、大雨、暴雨、大暴雨和特大暴雨六种。我国暴雨强度最大、雨量最多的地方是台湾省。

6 云彩是怎样形成的

“蓝蓝的天上白云飘，白云下面马儿跑……”歌声中我们经常听到对蓝天、白云的赞美，那么云彩是怎样形成的呢？

云彩的形成主要是由于潮湿空气的上升。暖湿气流在上升的过程中，因为外界气压随高度升高而降低，而它的体积逐渐膨胀，膨胀必然要消耗能量，消耗能量导致的结果就是降温。

上升空气的气温降低了，它里面所含水汽的压力就会减少，于是就会有一部分水汽以空气中的尘埃为核形成小水滴。这些小水滴体积非常小，但浓度很大，因为它下降的速度很慢，所以被上升的气流托着，形成浮云。

我们已经知道，云彩是由于潮湿空气上升形成的，那么怎样才会发生潮湿空气的上升运动呢？

首先是热力作用。夏天，太阳光辐射强烈，近地面的空气被急剧加热，热而轻的空气很容易产生上升运动。

其次是冷暖空气交锋，暖空气在冷空气上面上升也会形成云层。

最后是地形的作用，平流的湿空气遇到山脉、丘陵的阻挡，就会被迫上升而形成云。

小贴士

云彩的种类

云彩有很多不同种类，主要包括层云、卷云、积云、积雨云、雨层云等。层云指扁平的低空灰色云层；卷云是由冰晶构成的缕缕浮云；积云是一团白色絮状云；积雨云指带雨的黑暗风暴云；雨层云则是低层的雨云。

想一想

1. 云彩的形成主要是由于潮湿空气（　）。

A. 下降　B. 上升　C. 不变

2. 夏天，太阳光辐射强烈，近地面的空气被急剧（　）。

A. 降温　B. 不变　C. 加热

答案：1.B 2.C

7 为什么雨会从天空落到地上

下雨是一种很常见的自然现象。

当阳光照射在大地上时，江河湖海里的水会不断地蒸发到空气中，花草树木以及地面上的水也会蒸发，生成水蒸气。水蒸气随同空气一起升到高空，在不断上升过程中，水蒸气会越变越冷，变冷的水蒸气凝结成许多小水滴，小水滴越积越多就变成了天上的云。

云层里的小水滴越积越多，会结成许多更大的水滴，当云中的水滴超过饱和状态时，云就不能承受水滴的重量，水滴就会从天空降落下来，这就是下雨。这时，我们就能看见雨从天空中落下来。

1. 天空中的云是（ ）

A. 水蒸发的 B. 神仙变出来的
C. 本来就有的

2. 下雨是因为（ ）

A. 上帝伤心了 B. 云变冷凝结成大水滴
C. 天上水太多了

答案：1.A 2.B

珍贵的淡水

海水在阳光下蒸发形成云，被吹到陆地上空，水分凝结后降落到大地，形成江河、湖泊等生命所需的淡水资源。陆地上的淡水也会因日晒而蒸发，或从江流回归大海，因此地球上的可供使用的淡水资源非常紧缺。尽管极地冰川所含淡水最多，但人类目前还无法利用它们。

9 为什么人工可以降雨

我们知道，随着世界人口的增加和农业的高度发展，人类对淡水的需求量急骤上升，许多地区出现了严重的水资源危机。因此，人工降雨就成为增加淡水量的一种有效途径。

为什么人工可以降雨呢？降雨的形成需要三个条件：大量的凝结核、过饱和的水蒸气和温度的下降。云由水汽凝结而成，而云的厚度以及高度通常由云中水汽含量的多少以及凝结核的数量、云内的温度所决定。一般来说，云中的水汽胶性状态比较稳定，不易产生降水，而人工降雨就是要破坏这种胶性稳定状态。通常的人工降雨是通过一定的手段在云雾厚度比较大的中低云系中播散催化剂（碘化银），增加云中的凝结核数量并降低云中的温度，这样有利于水汽粒子的凝结，产生并增大对流。当空气中的上升气流承受不住水汽粒子的飘浮时，便产生了降雨。

想一想

1.（ ）不是降雨的条件。

A. 过饱和水汽　B. 大量凝结核　C. 很高的温度

2. 人工降雨要往云层中播散（ ）。

A. 碘化银　B. 水　C. 冰块

答案：1C 2A

小贴士

人工降雨对人无害

人工降雨时，飞机或高炮将碘化银打入有积雨云的高空，碘化银扩散为肉眼难以分辨的小颗粒，使水滴凝聚后降落。和巨量的水滴相比，碘化银只是沧海一粟，太多了不仅不会增雨，反而会把积雨云“吓跑”。所以，在如此悬殊的情况下，人们绝不会感觉到碘化银的存在。

9 为什么西北风总是特别冷

在我国北方，人们常有这样的感觉，一到冬天，西北风吹得人脸如刀割一样疼。这是因为，越是在北方，空气就越冷。而且，这种越北空气越冷的现象，在春季与秋季表现得最明显，而在夏季与冬季却差别不大。

但是，居住在我国东南部的人们，一到春、秋季节，西北风总是让他们感觉非常寒冷。为什么会这样呢？

我国西北部地区多为沙漠，并且距海遥远，那里的空气比较干燥。在春、秋季节，我国西北部的空气大举南下，干冷的空气替代了南方的暖湿空气，并且带来大面积降雨，这就使东南部的人们感到非常寒冷。

所以，长期这样，东南部的人们就感觉西北风总是特别冷。

想一想

1. 我国西北部地区多为（　），并且距海遥远，那里的空气比较干燥。

A. 沙漠　B. 盆地　C. 草原

2. 在春、秋季节，我国西北部的空气大举南下，干冷的空气替代了南方的（　）空气。

A. 闷热　B. 干热　C. 暖湿

答案：1.A 2.C

小贴士

风级歌

零级烟柱直冲天，一级青烟随风偏，二级轻风吹脸面，三级叶动红旗展，四级枝摇飞纸片，五级带叶小树摇，六级举伞步行艰，七级迎风走不便，八级风吹树枝断，九级屋顶飞瓦片，十级拔树又倒屋，十一、十二级陆上很少见。

10 为什么雷雨时先看到闪电，后听到雷声

夏天雷雨天气时，常先看见闪电，后听见雷声，这是什么原因呢？

首先让我们了解一下雷电的形成过程。天空中的雷雨云（主要是积雨云）在形成过程中，由于受大气电场以及温差起电效应、破碎起电效应的同时作用，正负电荷分别在云的不同部位积聚。当电荷积聚到一定程度，由于所带的电荷性质相反，就会在云与云之间或云与地之间产生瞬间剧烈放电的现象。在这放电过程中，往往伴随着强烈耀眼的闪光和震耳欲聋的轰响。所以，在空中，闪电和雷声是同时发生的。由于闪电的速度是每秒 30 万千米，而雷声是每秒 340 米，闪电传播的速度要比雷声快得多，雷声总是落在闪电后面。因此，在雷雨天气，我们总是先看见闪电，后听见雷声。

想一想

1. 雷雨时先看到闪电、后听到雷声的原因是（ ）。

A. 眼睛长在耳朵的前面　B. 闪电跑得快
C. 闪电先发生

2. 雷声产生是因为（ ）。

A. 雷公在打鼓　B. 天上发地震
C. 云层放电

答案：1.B 2.C

小贴士

闪电的能量

闪电虽然只有几十厘米宽，但它却是一个巨大的放电过程，一次闪电电击的能量是 300 万兆瓦，它可以将局部的空气加热到 30000℃。

11 雪崩是怎样发生的

在电视上我们曾看到过这样的情景：雪山上巨大的雪堆以排山倒海之势铺天盖地而来，十分壮观。雪崩常常会给人们带来灾难，是登山爱好者的大敌。那么，雪崩是怎样发生的呢？

雪崩是大量积雪迅速向下滑动的自然现象。高山地区降水较多，山顶有大量积雪，由于新、老积雪层变质程度不同，密度也不一样，雪层表面的蠕动速度比底层快，这就造成了雪层错落地裂开。春季气温回升，融雪开始，雪水沿裂隙下渗，在黏聚力薄弱的地方，起到了润滑剂的作用，降低了积雪与山坡之间的摩擦力，由此引发雪崩。另外，地震和大量的动物踩动雪面时也可能引发雪崩，而砍伐森林也能使山坡积雪的稳定性减弱。森林和灌木，客观上起着阻止积雪下滑的作用。因此，应该严禁砍伐易发雪崩地区的林木。

想一想

1. 雪崩一般发生在（　）。

A. 高山地区　B. 平原地区　C. 盆地

2. 登山爱好者在登雪山的时候不能大声讲话的原因是（　）。

A. 怕吓跑小动物　B. 怕发生雪崩
C. 太累了没力气

答案：1.A 2.B

小贴士

如何预防雪崩

为了降低雪崩的危险，人们可以在山坡上栽种树木，或者修建防雪墙来阻挡雪崩滑落之势，也可兴建防雪桥来保护道路和铁路。在滑雪运动胜地，雪地巡逻队要时刻提高警惕，一旦发现危险征兆，就要及时发出警告并封锁道路。

12 梅雨是怎样形成的

梅子成熟的季节会阴雨连绵，通常要很长时间才会停止下雨，此时的雨被称为“梅雨”。

梅雨是怎样形成的呢？

在我国南方，每年从春季开始，暖湿空气势力增强，从海上进入大陆以后，与北方南下的冷空气相遇，由于从海洋上来的暖湿空气含水汽很大，冷暖交锋，就形成了长长的雨带。

如果冷空气势力比较强，雨带向南移动；如果暖空气势力比较强，雨带则向北移动。但是，在梅子快要成熟的这段时期，冷暖空气的势力相当、互不相让，两种空气就在江南地区展开了“拉锯战”，因此就形成了长期阴雨连绵的天气，也就是江南地区的“梅雨”天气。

小贴士

梅雨的地域

世界上，只有中国长江中下游流域、日本的东南部和朝鲜半岛的南部有梅雨现象出现，因此梅雨是东亚地区特有的气候现象。在中国，则是长江中下游地区所独有的气候现象。

想一想

梅子成熟的季节，我国江南地区会出现（ ）天气。

A. 梅雨 B. 干旱 C. 大风

答案：A

13 魔鬼谷为什么多雷雨

在青海省西部昆仑山脉与新疆阿尔金山脉交界的山区，有一个神秘的魔鬼山谷。它东起青海茫崖的布伦台，西至新疆若羌的沙山，长有百余千米，宽约 30 千米，谷地海拔约 3200 米。

这个狭长的谷地气候湿润，加上冰川遍布，湖泊沼泽众多，所以林木茂密，牧草葱绿，是理想的高山牧场。但是，这里的高山天气多变。天气晴朗时，风和日丽，春意盎然；天气骤变时，乌云密布，雷电交加。刹那间，原本妩媚的山谷，就会变成恐怖的地狱，漫山遍野留下无数遭雷击的焦木残树和牛羊的尸体，因而被人们称为“魔鬼谷”。

我国地质科学工作者经过地质勘查，初步揭开了魔鬼谷神秘的面纱。原来，魔鬼谷是个雷击区。这里的地层主要由强磁性玄武岩体构成，还有几千个铁矿脉及石英岩体。这些岩体和铁矿带的电磁效应，引来了雷电云层中的电荷，因而产生了空中放电，形成了炸雷。雷电一旦触到地面凸出的物体，就会产生尖端放电的现象，因而牧场上的人与羊群就成了雷击的目标，这就是魔鬼谷的神秘所在。

小贴士

电磁效应

电生磁指电流通过导线时，导线的周围产生磁场的现象。如果把导线做成螺旋线管的形状，电流通过时产生的磁场与一根磁铁产生的磁场相似。而磁生电是指在磁场中也能产生一种被称为“感应电流”的电流，就是发电机的原理。这就是电磁效应。

想一想

原来魔鬼谷是个（ ）。

A. 雷击区 B. 地震区 C. 蝗虫区

答案：A

14 为什么说“风调”才能“雨顺”

我国是著名的季风气候国家之一，夏季盛行东南风，冬季盛行西北风，春秋季分别属于从冬季风至夏季风以及从夏季风至冬季风的过渡季节。通常的年景，5 月时分，夏季风前哨到达南岭山脉，6 月中旬至 7 月中旬迂回至长江中下游地区，7 月底窜至华北、东北平原。假如夏季风根据这种规律，一步步地由南向北移动，不徘徊也不跳跃，这就是所谓的“风调”了。

雨带的活动与季风前哨是息息相关的，夏季风前哨到达哪里，哪里就出现雨季。在农业上，华南、长江中下游、华北、东北等地区农田里的作物开始需要雨水，雨水就源源而来，滋润了作物的生长。等到农作物不太需要雨水，

季风正好过去，雨水减少，阳光增多，这就是“雨顺”。

如果季风前哨在一个地区停留太久，或者一跃而过，就风不调、雨不顺了。这样，常常会出现洪涝灾害或者干旱天气。

1. 我国是著名的季风气候国家之一，夏季盛行（　）。

A. 东南风　B. 西北风　C. 西南风

2. 雨带的活动与（　）息息相关。

A. 旱情　B. 季风前哨　C. 作物生长

答案：1.A 2.B

小贴士

季风气候

季风是指随季节而改变风向的风，主要是由于海洋和陆地间温度差异造成的。冬季由大陆吹向海洋，夏季由海洋吹向大陆。季风气候指受季风影响较显著的地区的气候，其特点是夏季受海洋气流影响，高温多雨；冬季受大陆气流影响，低温干燥。我国大多地区是季风气候。

15 为什么说“瑞雪兆丰年”

“瑞雪兆丰年”是我国广泛流传的一句谚语，意思是说冬天下几场大雪是来年庄稼获得丰收的预兆。

冬季天气冷，雪往往不易融化，覆盖在土壤上的雪比较松软，雪花和雪花之间留有空隙，空隙中充满空气，加上不容易散热，这样就像给庄稼盖了一床棉被，即使外面天气再冷，下面的温度也不会很低。等到冷空气过去以后，天气渐渐回暖，雪才慢慢融化，这样既使庄稼不受冻害，又使雪融化的水留在土壤里，给庄稼积蓄了很多水，对春耕播种以及庄稼的生长都大有利处。

另外，下雪还能冻死害虫，由于雪在融化时要从土壤中吸收许多热量，这时土壤会突然变得非常寒冷，温度降低许多，土壤里的害虫就会被冻死。所以说，冬季下几场大雪是来年丰收的预兆。

想一想

1. 在寒冷的冬天，雪对庄稼有(　　)作用。
A. 保温　B. 降温　C. 防晒

2. 雪在融化时会吸收热量，冻死(　　)。
A. 庄稼　B. 害虫　C. 小动物

答案：1.A 2.B

小贴士

下雪不冷化雪冷

北方冬季下雪的时候，云层中的水汽凝结成冰晶，释放出热量，所以我们并不会感到特别冷。而在化雪的时候，积雪要吸收太阳光和空气中的一部分热量，人们就会感觉比下雪时更冷一些。

16 夏季为什么会出现“东边日出西边雨”的景象

炎热的夏季会出现这样的景象：在同一个城市，一边是阳光高照，一边却是大雨倾盆。我国古代早就把这种景象写入诗中，“东边日出西边雨”就是其中的一句。

在大自然中，为什么会出现“东边日出西边雨”这种奇特的景象呢？原来，这是由于降水量水平分布的不连续性造成的，尤其是在夏季更为突出。夏季降水量水平分布的差异，主要与产生降水的云本身特点及当地的地形、地貌等因素有关。在夏季，降雨多为对流雨，产生降水的云多半为雷雨云，这是一种垂直发展十分旺盛，而水平范围发展较小的云。由于这种云体积较小，在它移动和产生降水时，只能形成一片狭小的雨区，这就比较容易造成雨区内外雨量分布的显著差异，从而出现“东边日出西边雨”的奇妙景象。

想一想

1. “东边日出西边雨”的景象多发生在（ ）。

A. 春季　B. 夏季　C. 秋季

2. 夏天的降雨主要是（ ）。

A. 对流雨　B. 锋面雨　C. 台风雨

答案：1.B 2.A

小贴士

雨为什么常斜着下

雨是从云里落下的，而云会随着风在天空中飘动。雨点在惯性的作用下会随着云移动一些距离，再加上风也会吹动雨点，所以它就斜着落下来了。

17 高山上的积雪为何终年不化

大家都知道，我国著名的喜马拉雅山，山上白雪皑皑，银装素裹，十分壮观。其实世界上还有许多高山和喜马拉雅山一样，终年积雪不化。这究竟是为什么呢？

原来，在地球上，从地面算起，每上升100米，气温就下降0.6℃，山越高，气温就越低。到了一定的高度，气温就降至0℃以下，这个界限被称为雪线。超过雪线，山上的冰雪就终年不化了。尽管夏天强烈的阳光会使一些冰雪有所融化，但到夜间温度下降，水和雪又冻在一起，而且不时会有雪花落在冰峰上，日积月累，冰雪融了又冻，永远不会消失。雪线以上冰雪的不断融冻，最终形成了冰川冰。晶莹的高山冰雪就像一面大镜子，有很强的反射力，绝大部分的阳光和热量都被它反射了，所以，冰川冰的温度始终很低，这就是为什么高山上的冰雪终年不化的原因。

想一想

1. 在地球上，山越高，温度（ ）。

A. 越低　B. 越高　C. 不变

2.（ ）是山峰冰雪终年不化的原因。

A. 山很高　B. 山不陡峭　C. 山很陡峭

答案：1.A 2.A

小贴士

喜马拉雅山

喜马拉雅山位于我国和尼泊尔、印度、不丹、锡金等国的交界处，在藏语中的意思为“冰雪之乡”，被称为“世界第三极”。它的主峰珠穆朗玛峰，是世界第一高峰，在藏语中意为“女神”，自古以来，就被藏族同胞当做崇高的“女神”。

18 为什么雷电能治病

雷电能治病吗？1980年夏季的一天下午，一位因患白内障而双目失明的老人，在雷电的轰击下，双目竟奇迹般地重见光明。

为什么会这样呢？原来发生雷电时，这位老人正处于雷电所形成的磁场内，磁场消除了引发白内障的不溶性蛋白质。白内障清除后，眼睛也就复明了。根据这个道理，印度医学家发明了“白内障磁场治疗方法”，这种方法治疗早期白内障效果很好。

雷电不仅能治疗白内障，还能治疗肾结石。日本东京郊区有一名男青年患肾结石，病情严重。在一次遭雷击的事故中，他体内的肾结石被炸成了碎屑，并随小便一起排出了体外，使肾功能恢复了正常。炸雷所产生的超高频声波击碎了青年体内的肾结石，日本专家从中得到启示，发明了一种高频碎石机，用来医治肾结石患者。

雷击，是我们常见的一种自然现象，它除了给我们带来巨大的灾难和损失外，有时也会为人类做出有益的贡献。

想一想

雷电不仅能治疗（　），还能治疗肾结石。

A. 白内障　B. 青光眼　C. 近视

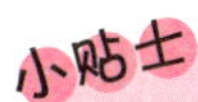

小贴士

磁场

磁场是一种特殊形态的物质，存在于永磁体、电流、运动电荷或变化电场的周围空间里。它的基本性质是对永磁体的磁极或运动的电荷或电流有力的作用。

19 为什么夏天会出现雷阵雨

夏季经常会出现这样的天气，本来烈日炎炎，转眼间却狂风大作、雷雨交加，这就是雷阵雨天气。雷阵雨天气轻则飞沙走石，重则拔树倒屋。那么，雷阵雨是怎么形成的呢？

雷阵雨的发生需要有强对流的雷雨云系。

夏季，由于气温高，蒸发量大，含有大量水汽的热空气不断上升，随着海拔高度的增加，温度会逐渐下降（每上升 100 米，气温降低 0.6℃），空气也就渐渐变冷。这时，空气中的一部分水汽凝结成小水滴，天空就会起云。随着含有大量水汽的热空气的不断增加，云就越堆越大，越堆越高。这样的云，在气象上叫积雨云，其云底距离地面约 1000 米。

云中水滴合并增大，直到上升热气流托不住时，就从云中直掉下来。下层的热气流被雨淋后，骤然变冷，不再上冲，转而向地面扑下来。此时，空中的电荷开始放电，并伴随着轰隆隆的雷声。于是，雷阵雨就发生了。

1. 雷阵雨常发生在（ ）。

A. 春季 B. 夏季 C. 冬季

2. 含有水汽的空气在上升过程中会（ ）。

A. 变冷凝结成水滴 B. 什么也不变
C. 变热发出雷声

答案：1.B 2.A

为什么会打雷

夏季，天空中大块的积雨云受到地面热气流的冲击，产生了强大的电荷。当两种带不同电荷的云接近时，便互相吸引而出现闪电。在闪电的冲击下，周围的大气和水汽剧烈膨胀，从而产生了“轰轰”的雷鸣声。

20 为什么雷容易击中高耸孤立的物体

我们知道，在高大的建筑物，如高耸的烟囱、摩天大楼等上面装上避雷针，可以避免遭受雷击。可是，为什么雷容易击中高耸孤立的物体呢？

由于雷雨云的云底部带电，能使地面发生感应，并使地面产生与云底电性不同的电荷，这称为感应电荷。这种感应电荷在小范围的地面上是同一性质的，由于同种性质的电荷是相互排斥的，这种排斥力造成的沿地面方向的分力，在弯曲得厉害的地方比平坦一些的地方小，于是电荷就会移动到弯曲得厉害的地方，所以在弯曲得厉害的地面上，感应电荷就多一些。高耸的物体，作为地面的组成部分，成为地面上最弯曲的一部分，当地面受到雷雨云的感应产生感应电荷时，在高耸的物体上就集聚了较多的电荷，对闪电的引力大，很容易把闪电拉过来。

所以，雷雨天气时，不要在大树、电线杆等高耸物体下躲雨，否则有可能遭到雷击。

想一想

1. 雷雨天气时，在（　）最危险。

A. 家中　B. 山洞里　C. 大树下

2. 关于电荷的正确描述是（　）。

A. 同种电荷相互排斥　B. 异种电荷相互排斥
C. 同种电荷相互吸引

答案：1C2A

小贴士

雷电天气的自我保护

我们遇到雷电天气时一定要注意保护自己，远离危险。如果在室内，要避免使用电话等连接外界管线的物品；如果在室外，要远离孤立、高耸的物体；如果在旷野中，要尽量蹲在地上，降低高度且使身体少接触地面。如果被雷击中，正确的人工呼吸可以拯救生命。

21 下雪天为什么也会打雷

夏天下雨的时候常常伴有隆隆的雷声，这是因为暖湿气流的急剧向上抬升产生了积雨云，触发了雷雨天气的形成。

冬天，当天空阴云密布，气温很低，高空云中的气温在0℃以下时，云中的水汽就凝结成雪花飘落下来，这就是下雪了。

一般，冬天下雪时不会打雷，但是如果同时具备了这两种天气的发生条件，就会发生下雪时打雷的稀罕事了。

1970年3月12日晚上，我国长江中下游就出现了下雪时打雷的现象。

当时靠近地面的冷空气从华北南下到长江中下游地区，傍晚以后，该地区的气温下降到0℃左右，具备了下雪的条件。当时南下的冷空气与北上的强盛的暖湿气流，在长江中下游地区汇合，暖空气沿着低层冷空气猛烈爬升，于是在将要下雪的层状云中发生了强烈的对流现象，形成了积雨云，所以产生了下雪时打雷的罕见现象。

想一想

1. 打雷的前提条件是（　）。

A. 刮大风　B. 积雨云　C. 气温很低

2.（　）不是下雪需要具备的条件。

A. 气温在0℃以下　B. 有很多的云

C. 有很大的风

答案：1.B 2.C

小贴士

美丽的雪花

冬天，我们会发现雪花都是六角形的，非常美丽，这是因为空气中的水汽在0℃以下就会结成冰晶，冰晶很小很小，呈六角形。冰晶在空气中飘浮，碰到水汽就会不断变大而成为雪花。由于冰晶是六角形的，所以冰晶结成的雪花也是六角形的。

22 “厄尔尼诺”现象可怕吗

“厄尔尼诺”是西班牙文，原意是“圣婴”。厄尔尼诺最早被用于称呼南美太平洋中从北向南运动的一支暖海流。今天的厄尔尼诺现象不仅仅局限于南美洲沿岸，它还指地处太平洋热带地区的海水大范围异常增温的现象。

为什么会发生厄尔尼诺现象呢？科学家认为，这是由于太平洋赤道带内，海洋和大气相互作用失去了平衡的缘故。这时，赤道洋流和信风减弱，西太

平洋暖水向东流，东太平洋冷水上翻受阻，于是发生海水增温、海面抬高的现象。

这一现象造成了地球温度的升高，使影响气候的各种因素失衡，从而导致气候异常：该热的地方不热，该冷的地方不冷；该下雨的地方烈日炎炎，焦土遍地，一向少雨的地方却大雨滂沱，洪涝成灾。厄尔尼诺现象危害巨大，例如我国 1998 年遭遇的特大洪水的主要成因，便是厄尔尼诺现象。

想一想

1. 厄尔尼诺现象最初发生在（ ）。

A. 南美洲沿岸　B. 西太平洋　C. 印度洋沿岸

2. 厄尔尼诺现象的特征是（ ）。

A. 海水大面积增温　B. 海水大面积降温
C. 海上风浪加大

答案：1.A 2.A

小贴士

洋流和信风

在海洋中，朝着一定方向流动的水叫做洋流。在赤道两边的低层大气中，北半球吹东北风，南半球吹东南风，这种风的方向很少改变，叫做信风。洋流和信风也是影响气候差异的重要因素。

23 为什么全球气候在逐渐变暖

全球的气候变暖已经成为人们关注的问题。近年来，在我国北方许多地方都出现了暖冬现象，冬天没有以前冷了，夏天则更热了。那么，全球气候为什么会不断变暖呢？

引起全球气候变暖的原因有很多，其中大气污染毫无疑问是造成全球气候变暖的最重要原因。由于工业化进程的加快和人类活动的加剧，大气中污染物的种类和浓度都在增加。在众多的大气污染物中，二氧化碳浓度的升高和全球气温变暖之间有很紧密的联系。大气中二氧化碳含量的增加不会影响太阳辐射穿过大气层，但由于二氧化碳能吸收地球表面反射回宇宙空间的红外辐射，会引起近地面大气温度的增高，所以导致了全球气温升高。

除了上述原因外，近年来人口的剧增也是导致全球变暖的主要因素之一。每年仅人类自身就会排放惊人数量的二氧化碳，这也直接导致了大气中二氧化碳含量的不断增加。

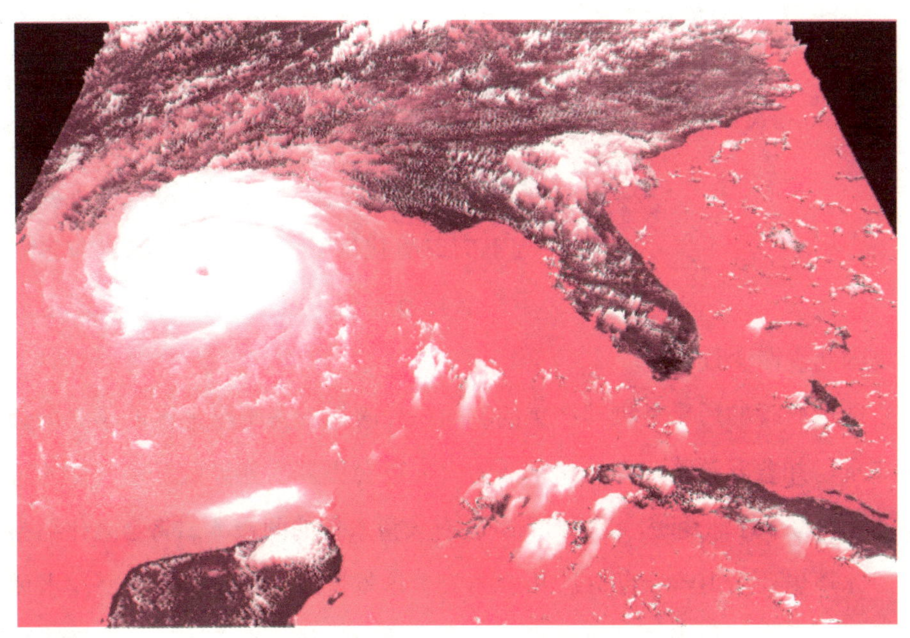

想一想

1. 引起全球气候变暖的最重要原因是（　）。

A. 大气污染　B. 人口增加　C. 沙漠化

2. 引起气温升高的主要气体是（　）。

A. 氧气　B. 二氧化碳　C. 甲烷

答案：1.A 2.B

小贴士

暖冬现象

近年来，由于地球上大气污染和温室效应的加剧，很多地区的冬季平均气温都要高于往年冬季气温的平均值，也就是说我们现在的冬天比以前的冬天要暖和一些，这种现象叫做“暖冬”。

24 地球变暖会造成什么后果

地球气候不断变暖已是一个不争的事实。近年来，许多地方都出现了暖冬现象。科学研究认为，地球变暖是由于温室效应引起的。

随着人口的不断增加和工业化的发展，人类对煤和石油的消耗越来越大，排放到空气中的二氧化碳等温室气体也越来越多。由于二氧化碳具有保温作用，所以地球上的气候也因此慢慢变暖。

地球变暖的后果是极其严重的。地球变暖，一些干旱地区的旱灾就会更加严重，并愈发频繁，森林和草原的火灾也会更多，并导致温室气体的进一步增加；由于地球变暖，温度升高，含有大量水体的两极冰层将会融化缩小，高山冰川也要后退，一部分冰川会消失，这就使海洋水量大增；海洋水体又由于温度升高而膨胀，导致海平面上升，致使一些低地、滩涂、海岛和海滨被淹没。

目前，地球变暖已经引起广泛关注，人们在为治理大气环境而不断努力。

想一想

1. 地球变暖是由（　）引起的。

A. 太阳照射　B. 温室效应　C. 巫婆的魔法

2. 地球变暖不会造成（　）。

A. 南北两极的冰雪融化　B. 海平面上升
C. 人口大量增加

答案：1.B 2.C

小贴士

温室效应

太阳光的热量可以透过大气层射到地面，而地面变得温暖后散发的热量却被大气中的二氧化碳等物质吸收了，这样就使热量聚集在地球表面，而不会散发到宇宙空间，因此使得地球上的温度变暖，这样的效应就叫做“温室效应”。

25 台风是怎样形成的

台风是旋转极快的空气大旋涡，它是热带海洋上发生的一种破坏力极强的风暴。2005年8月29日，美国的新奥尔良遭受了强劲台风的袭击，人员死伤无数，整个城市几乎毁于一旦。台风所引发的灾难事故每年都会发生。那么，台风是怎样形成的呢？

台风实际上是强烈的热带气旋。热带气旋是发生在热带海洋上的强烈天气系统，由于强烈阳光的照射，海水的温度很高，海面上的空气被海水烤得很热，并且含有大量的水蒸气。这层空气因继续受热而迅速上升，其中水蒸气上升遇冷后凝结成水滴，放出大量的热，使空气因温度升高而继续上升，于是那里就形成了一个气压很低的区域。这时，四周比较冷的空气就会乘虚而入，迅速地流过来填补，这样就逐渐形成了一个空气旋涡。随着蒸发到空中水汽的不断增加，旋涡越来越大，最终形成了台风。

想一想

1. 台风发生在（ ）。

A. 热带海洋 B. 温带海洋 C. 寒带海洋

2. 台风的气候类型是（ ）。

A. 热带气旋 B. 亚热带季风
C. 西伯利亚寒流

答案：1.A 2.A

小贴士

天气系统

天气系统是指具有一定的温度、气压或风等气象要素空间结构特征的大气运动系统，按气压分布可以分为高压、低压等，按风的分布也可分为气旋、反气旋等。人们可以根据天气系统来分析天气现象和变化。

26 节气划分的依据是什么

我国的节气就是把一年内地球围绕太阳公转在轨道上的位置变化，以及因此而引起的地面气候演变次序分为24段，每段约隔半个月时间，分列在12个月里，然后规定出各段名称。24节气依次为：立春、雨水、惊蛰、春分、清明、谷雨、立夏、小满、芒种、夏至、小暑、大暑、立秋、处暑、白露、秋分、寒露、霜降、立冬、小雪、大雪、冬至、小寒、大寒。

节气是我们华夏祖先历经千百年的实践创造出来的宝贵科学遗产，是反映气候和物候变化、掌握农事季节的工具。

24 节气是根据地球在黄道（即地球绕太阳公转的轨道）上的位置来划分的。地球绕太阳公转一周是 360 度，以春分为起点定为 0 度，每前进 15 度是一个节气，例如，清明、谷雨、立夏、小满分别对应 15 度、30 度、45 度、60 度。这样运行一周又回到春分点，为一回归年，总共 360 度，因此分为 24 个节气。

想一想

1. 24 节气是根据（　）来划分的。

A. 地球在黄道上的位置　B. 古人的经验

C. 月份

2. 夏至时地球在黄道上的位置对应是（　）。

A.30 度　B.60 度　C.90 度

答案：1.A 2.C

小贴士

节气歌

春雨惊春清谷天，夏满芒夏暑相连。

秋处露秋寒霜降，冬雪雪冬小大寒。

上半年来六、廿一，下半年来八、廿三。

每月两节不变更，最多相差一两天。

27 四季是怎样划分的

大家都知道，一年有春、夏、秋、冬四季，但是这四季究竟是怎样划分的呢？

其实对四季的划分，我国与西方有不同的标准。我国的四季强调季节的天文特征，分别以立春、立夏、立秋、立冬为四季的起点，但这样的四季，与实际的气候情况并不相符。西方的四季划分，则较多地侧重于气候方面，他们把春分、夏至、秋分、冬至看做四季的起点。这样的四季划分比我国的天文四季各推迟一个半月。但是，要使春、夏、秋、冬四季反映地面上的气候条件，就要采用气候本身的标准来划分四季。

气候学上通常以气候平均温度（每5日的平均气温）作为季节的划分标准：气候温度高于22℃的时期为夏季，低于10℃的为冬季，介于二者之间的为春季和秋季。所以，各地的春、夏、秋、冬四季，都有共同的温度标准。但是这样一来，同一地点，四季可能长短不一；不同地点，同一季节也可能长短不一，而且，并不是到处都有四季。

1. 在我国，夏天的起点是（ ）。

A. 立夏 B. 芒种 C. 夏至

2. 西方划分四季侧重于（ ）。

A. 天文标准 B. 气候标准
C. 农历划分标准

答案：1.A2.B

小贴士

节气的天文特征

24节气中的春分和秋分分别为每年的3月21日和9月23日，此时太阳刚好直射在赤道上，这一天的昼夜时间相等。而夏至为6月22日，此时的太阳直射在北回归线上，是一年中白天最长的日子；相反，一年中白天最短的日子则在12月22日，为冬至，此刻太阳直射在南回归线上。

29 为什么峨眉山会有“佛光”

晴朗的冬日，在著名佛教圣地四川峨眉山的金顶上常能看到巨大的彩色光环，像如来佛祖头上的光圈，因而被人们称为“佛光”。

峨眉佛光的出现其实是由于光的衍射造成的。衍射现象是光在传播过程中，由于通过了一个大小近似于光线波长的小孔，光线就以小孔为中心，形成环状向前传播。峨眉山地区森林茂密，河流众多，弥漫的水汽和云雾经常漂浮在半山腰。当人们站在山顶上，背对着阳光，太阳光从人的背后射过来，在射向云层之前通过薄雾的时候，光线从薄雾中的小水滴之间的空隙中通过，就出现了衍射现象。这时，就能看到前方云雾上出现一个巨大的彩色光环。

另外，在中国的泰山、瑞士的北鲁根山和美国亚利桑那州大峡谷，由于都具有相似的环境条件，所以也会出现佛光。

想一想

1. 峨眉佛光是由于光的（ ）造成的。

A. 折射　B. 反射　C. 衍射

2. 除了峨眉山以外，在中国的（ ）也会出现佛光。

A. 黄山　B. 泰山　C. 长白山

答案：1C2B

小贴士

光的衍射现象

光波在传播时，如果被一个大小近于或小于波长的物体阻挡，它就会绕过这个物体继续进行；如果通过一个大小近于或小于波长的孔，则以孔为中心，形成环形波向前传播，这种现象就叫光的衍射现象。其他的波，如声波等也会发生衍射现象。

29 彩虹是怎样形成的

在炎热的夏日，雨过天晴后，我们能看见一道七色的彩虹高挂空中，十分美丽。那么，彩虹究竟是怎么形成的呢？

大家知道，太阳光是白色的，但通过光的折射作用，太阳光会被分解为红、橙、黄、绿、蓝、靛、紫七种颜色。当阵雨过后，空中还漂浮着许多的小水珠，太阳光通过每一颗小水珠时，都会在小水珠内发生折射、反射和色散作用。由于太阳光所含的各色光的折射率不同，所以不同的光就被分散了，被分散的不同的光经过折射和反射，就形成了我们看到的彩虹。

由此可以看出，出现彩虹的条件，一是天空要有较多的小水珠，二是要有强烈的太阳光。所以，在天气干燥的冬天，很难看见彩虹。

小贴士

光的折射与色散

光的折射是光从一种物质进入另一种物质时，运动速度改变而发生偏折。筷子插入水中看起来好像弯折了，其实是光的折射现象。我们看到太阳光在通过三棱镜后，会形成一条彩色的光带，就像雨后的彩虹，这种现象叫光的色散。

想一想

1. 彩虹一般在（　）出现。

A. 春天　B. 夏天　C. 秋天

2. 太阳光由（　）种颜色组成。

A.5 种　B.6 种　C.7 种

答案：1.B 2.C

30　天空为什么是蓝色的

晴朗的天空，经常是蔚蓝色的，特别是一场大雨过后，更是碧空如洗，湛蓝无比。那么，天空为什么是蔚蓝色的呢？

天空是蓝色的，不是因为大气是蓝色的，大气本身是无色的；也不是因为大气中含有蓝色物质。天空的蓝色是大气分子、冰晶、水滴等悬浮在大气中的微小粒子对太阳光散射的结果。由于介质的不均匀性，使得光偏离原来的传播方向而向侧方散射开来的现象，称为介质对光的散射。阳光进入大气时，波长较长的色光，如红、黄、橙色光，透射力大，不容易被散射，能透过大气射向地面；而波长短的紫、蓝、青色光，碰到大气分子、冰晶、水滴等时，就很容易发生散射现象。被散射了的紫、蓝、青色光布满天空，就使天空呈现出蔚蓝色了。

小贴士

太阳的七色光

每天，太阳都会普照大地，给人们带来光明和温暖。其实，太阳光并不是我们看来呈白色的一种光，而是由很多种光组成的复色光，其中，我们人眼能看见的部分叫做可见光，是由红、橙、黄、绿、蓝、靛、紫七种颜色的光组成的。

想一想

1. 天空是蓝色的原因是（　）。

A. 大气是蓝色的　B. 被海水映蓝的
C. 太阳光的散射

2. 阳光进入大气时，（　）不容易被散射。

A. 红、黄色光　B. 紫、蓝色光
C. 红、青色光

答案：1C2A

31 海市蜃楼是怎样形成的

海市蜃楼现象通常发生在沿海、沙漠。夏天，在平静无风的海面上，向远方望去，山峰、楼台、亭阁、集市等景象会在远方的空中出现，沙漠中也能看到这种景象。古人不明白这种景象产生的科学原因，他们凭想象认为是海中蛟龙（即蜃）吐出的气结成的，因而叫做“海市蜃楼”。

海市蜃楼是光在密度分布不均匀的空气中传播时发生全反射而形成的。夏天，海面上的下层空气温度比上层低，密度比上层大，折射率也比上层大。我们可以把海面上的空气看做由折射率不同的许多水平气层组成的。远处的山峰、船舶、楼房、人等发出的光线射向空中时，由于不断被折射，越来越

偏离原来的方向，以致发生全反射，光线反射回地面，人们逆着光线看过去，就会看到远方的景物悬在空中，这就是“海市蜃楼”的奇妙景象。

想一想

1. 海市蜃楼在（　）不可能发生。

A. 海洋　B. 沙漠　C. 热带雨林

2. 海市蜃楼现象的发生原因是（　）。

A. 光的折射　B. 光的入射　C. 光的金反射

答案：1.C 2.C

小贴士

光的全反射

光从传播速度较小的物体射入传播速度较大的物体时，当入射角增大到某一角度，使折射角达到 90 度时，折射光完全消失，只剩下反射光，这种现象叫做全反射。海市蜃楼就是由于光线全反射而形成的。

32 为什么晴天时显得天高，阴天时显得天低

在晴朗的日子里，往往视野开阔，天空万里无云，或者湛蓝的天空飘着几朵白云，天空显得深邃、高远。而在阴天时，天空常常是灰蒙蒙的，阴暗低沉，显得天很低，压得人几乎透不过气来。这究竟是为什么呢？

在晴天，一般云很少，又很薄，天空中没有云的遮挡，太阳光能透过云层照射下来，因而天空澄净透明，看得更远，所以显得天空很高。而在阴天时，天空中的云又厚又密，太阳光被遮挡。再者，云层比较低，视力所及之处就更加有限，加上光线幽暗，人们就会觉得天很低。实际上，是云有厚薄又有高低，让人们产生天有高低的感觉。

想一想

1. 晴天时，天空显得很高的原因是（ ）。

A. 天上云少 B. 太阳光比平时大

C. 太阳离我们比阴天远

2. 阴天没有阳光是因为（ ）。

A. 太阳公公生病了 B. 被云彩遮住了

C. 太阳公公闹别扭了

答案：1.A 2.B

小贴士

视觉局限

我们的眼睛并不能看到全部的光，如太阳光中的紫外线和红外线就看不到。有时候眼睛对色彩的辨别能力也会发生改变，观看物体的能力下降，甚至丧失，都会引起视觉局限。色盲者往往是辨色能力丧失，而盲人则是视觉受损。

33 为什么冬天刮西北风天气就会放晴

西北风一直被我们认为是寒冷的象征。西北风吹过，意味着寒冬腊月即将到来。我国东南部地区刮的西北风，往往来自于我国的北方、蒙古和俄罗斯的西伯利亚，那些地方的冬季特别寒冷。

从西伯利亚吹来的寒流，经过蒙古、内蒙古的沙漠地区，携带着大量的干冷空气，这些气流来势十分迅猛。在我国东南部的大部分地区，由于受从海上吹来的暖湿气流的影响，空气比较湿润，雨水比较多。干冷空气一到来，暖湿空气马上“逃跑”，整个东南部地区完全被大量干燥而寒冷的冷空气占据。原来空气中的水汽变得越来越少，少到几乎没有。没有水汽，意味着天气就会放晴。

想一想

干冷空气吹走了（　）空气，天气就会变晴。

A. 暖湿　B. 热　C. 寒冷

答案：A

小贴士

风的种类

风是地球大气环流的一部分，它是由于各地气压高低不同而产生的。风总是从高气压吹向低气压，只要气温或气压改变，就会有风吹动。风有信风、季风、台风、龙卷风、海陆风、山谷风、干热风等各种类型。

34 为什么市区的温度比郊区高

夏季，在城市里觉得热浪炙人，但到了郊区则明显感觉凉爽多了。气象统计资料表明，一年四季城市的气温都明显高于郊区，造成这种现象的原因有很多。

在城市里，人们大量燃烧石油、煤气、煤炭等燃料，燃料中的化学成分能大部分转换成机械能、电能，其余的则转化为热能，直接释放到空气中。城市有大量的汽车，每天要排放大量尾气，这些尾气的温度都高达数百度，这就大大影响了城市的气温。

城市的建筑物和深色的路面，在白天会吸收大量太阳辐射，到了夜间，建筑物和路面则逐渐散热，使城市的气温不会降得很低。另外，由于空气中存在着大量烟尘和各种气体污染物，因而在城市上空形成了云和雾，大部分冷空气被阻挡在城市外。这些特殊的原因就使城市形成了一座“热岛”，使城市比郊区气温高，这种现象也叫“热岛效应”。

想一想

1.（　）不会造成城市气温升高。

A. 汽车尾气　B. 城市上空的云雾
C. 街道两旁的树

2. 城市气温比附近郊区的高，这种现象叫做（　）。

A. 温室效应　B. 热岛效应　C. 厄尔尼诺现象

答案：1.C 2.B

小贴士

能量守恒与转换

能量包括机械能、热能、光能、电核能、化学能等。能量既不会消灭，也不会创生，它只能从一个物体转移到另一个物体，或者从一种形式转换成另一种形式。一种能量的消失，必定伴随其他形式能量的产生，能量之间转换其总量都是守恒的，遵循能量守恒定律。

35 为什么太阳下山后天空还很亮

我们知道这样的道理，打开台灯，用布遮住灯光，房间会马上暗下来。可是，太阳在落山后，被山遮住，天空依然很亮。你知道这是为什么吗？

这主要是大气层的缘故。空气，是看不见摸不着的，可是它里面有很多大小不同的气体分子、灰尘等，并且越接近地面，空气中的这些杂质就会越多。太阳落山后，阳光照到了空气中的杂质，被散射开来，所以天空依然很亮。

小贴士

太阳的东升西落

地球绕太阳公转，同时还要自西向东自转。由于人们生活在地球上，所以感到所有天体都自东向西围绕地球转。地球每自转一周，人们就觉得太阳自东向西走了一周，所以人们就会觉得太阳每天是从东方升起，西方落下的。

想一想

太阳下山后天空还很亮，主要是因为（　）的散射缘故。

A. 大气层　B. 雨水　C. 月亮

答案：A

36 为什么早晨的空气不是最新鲜的

清晨，经常能在公园里看到许多晨练的人们，大家都认为早晨的空气最新鲜，但事实上并非如此，早晨的空气质量是最差的。

因为昼夜气温变化明显，当地面温度高于高空温度时，地面的污染物就很容易被带到高空中扩散。如果地面温度低于高空温度时，天空中就会出现“逆温层”，它像一个大盖子一样，阻止地面空气中的污染物扩散。一般在夜间、早晨、傍晚，天空中容易出现“逆温层”，这时的空气较污浊，但是，由于人们在晚上睡觉时，空气不流通，加上外面比室内气温低，所以室外比

室内空气明显要好，人们就感觉早晨的空气比较新鲜。

而在白天，上午十点至下午三四点的这段时间内，由于地面温度上升，“逆温层”被冲散，空气很新鲜，才是锻炼身体的最佳时间。

想一想

1. 一天中，在（　）空气比较新鲜。

A. 早晨 6 点　B. 中午 11 点　C. 夜晚 10 点

2. 一般天空中容易出现“逆温层”的时间是（　）。

A. 早晨　B. 上午　C. 下午

答案：1.B 2.A

小贴士

大气污染

大气是人类及一切生物赖以生存的物质和基本环境要素之一，是自然环境的重要组成部分。大气污染是指大气中污染物的浓度达到了有害程度。凡是能使空气质量变坏的物质都是大气污染物。大气污染物目前已知约有100种。

37 为什么晚上星星多，第二天就是晴天

小时候，我们喜欢在外面乘凉，看到满天的星星，大人们总会说："明天是晴天！"晚上星星多，第二天果然是晴天，这与当时的气候状况有着非常密切的关系。如果当时天上云层很厚，星星自然就被挡住，我们看到的星星就会减少，说明空气中水汽含量很大，第二天不是阴雨天气，就是多云天气。

如果我们看到满天的星星，说明当时的气候比较干燥，空气中水汽含量比较少，空气比较稳定，第二天不会出现降雨或者多云天气。

古语常说，看云识天气。有云没云，天上的星星可以作证。所以，我们判断第二天是什么天气，可以观察天上的星星。

想一想

如果天上云层很厚，星星自然就被挡住，我们看到的星星就会（　）。

A. 增多　B. 减少　C. 不变

答案：B

小贴士

美丽的银河

当我们在晴朗的夏夜仰望天空，会发现天空中有一条银白色的光带，从东北向西南方舒展开来，这条光带就是银河。我们看到的银河只是银河系中的一部分，银河系的质量约为1400亿个太阳的质量，其中恒星约占90%，星际物质约占10%。

39 我国下雪最多的地方在哪里

南方人可能对雪的感情没有多么深厚，可雪对北方人来讲，就是“瑞雪兆丰年”，它给人们的生活增添了无限的乐趣。一到下雪天，大家在一起玩雪球，堆雪人，打雪仗，甭提有多高兴啦！

那么，你知道我国什么地方下雪最多吗？

我国有三个下雪多的地方：第一个是东北大小兴安岭和长白山地区；第二个是西北的阿尔泰山和天山地区；第三个是青藏高原。这三个地区冬季漫长、严寒，而空气又比较湿润，所以雪量很大。

青藏高原的高山区常年积雪，大小兴安岭、阿尔泰山、天山等地下雪和积雪的时间都在半年以上，长白山的天池达 9 个月之久。我国平原地区积雪时间最长的地方是黑龙江的漠河，每年积雪时间有 200 天。

普通降雪有小雪、大雪，被称做鹅毛大雪就算比较大的了。但是英国和美国分别下过更大的雪，雪的直径有 10 厘米，如同小碟子一样大，所以人们叫它“雪碟”。

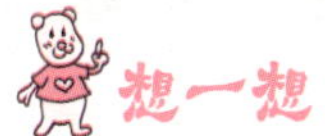

想一想

（　）不是我国下雪最多的地方。

A. 青藏高原　B. 黄河下游　C. 阿尔泰山

答案：B

小贴士

美丽的冰羽

冬天的早晨，玻璃窗上有时会覆盖着一层漂亮的冰羽，这是因为当湿气遇到冰冷的玻璃，并且温度降至冰点时凝结而成的。

地球百科

启迪青少年智慧的地球百科

二　地球的奥秘

地壳中什么金属最多

许多人以为铁是地壳中含量最多的金属，但实际上，地壳中含量最多的金属是铝，其次是铁。科学家对地下16千米以内的大量岩石样品进行了分析。结果表明，地壳中铝的含量是7.45%，而铁的含量只有4.2%。在自然界中，含铝的矿物分布十分广泛。地球上到处都有铝的化合物，像最普通的泥土中，就含有许多氧化铝。

说了这么多，铝到底是一种什么样的金属呢？

铝是一种银白色的轻金属。纯净的铝很软，可以压成很薄的箔，现在包糖果、香烟的“银纸”，其实大都是铝箔。

在生活中，我们随处可见铝的“影子”。我们平常使用的硬币，有一

些就是铝做的。在厨房里，我们还可以看到铝锅、铝盆、铝勺……然而，在一百多年前，铝却被认为是一种罕见的贵金属，价格比黄金还贵，甚至还被列为“稀有金属”之列。

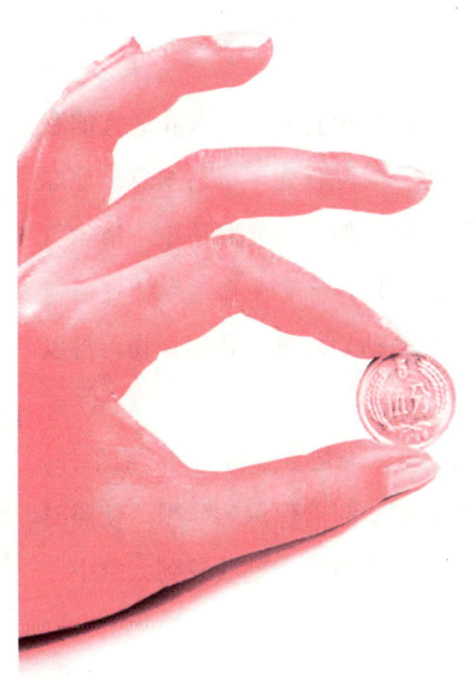

小贴士

地壳中的矿物

地壳中的各种化学元素，在各种地质作用下不断化合，从而形成各种矿物。地壳中的矿物质是非常丰富的，现在已探明的矿物就有2000多种，其中金、银、铜、铁、锡、钨、锰、铅、锌、汞、煤、石油等，都是人类物质文明不可缺少的资源。

想一想

科学家对地下16千米以内的大量岩石进行分析，铝的含量是（　）。

A.7.45%　B.9.45%　C.8.45%

答案：A

2 为什么太阳系中只有地球有生命

在太阳系的八大行星中只有地球上有生命存在，这究竟是为什么呢？因为地球上具备生命赖以生存的条件。

生命要生存下去，必须有阳光、水和适宜的温度，这样生命才能进行新陈代谢，繁衍生息。地球距离太阳不远不近，接受的太阳光照适中，植物可以随时随地进行光合作用，储存生命活动需要的能量，而依赖植物生存的动物也可以获得食物，得以生存。

地球上适宜的温度，也是生命存在的必需条件。大气层就像一床厚棉被，起着保温的作用，使照射到地球表面的太阳光与热不会立刻散发到太空中，温度才不会剧烈变化。同时，大气层也挡住了来自宇宙空间强烈的紫外线，使地球上的生命免遭伤害。

最重要的是，地球上有大量的水，为生命的延续提供了源泉。

1. 地球上的温度不会发生剧烈变化的原因是（　）。

A. 大气层的保温作用　B. 太阳光很强烈
C. 地球外面有棉被

2.（　）不是地球上生命存在的必要条件。

A. 阳光　B. 水　C. 紫外线

答案：1.A 2.C

小贴士

新陈代谢

新陈代谢就是有生命的物体不断从外界获得维持生命存活所必需的物质，同时把体内产生的废物排出体外的过程。新陈代谢是维持我们能够存活生长最基本的生命活动。

3 地球是怎样形成的

地球是我们人类世世代代生存的家园，但生活在地球上的我们是否知道地球是怎样形成的呢？

几十亿年以前，太阳系还只是一团不断旋转的像盘子似的一块星云。盘中的星云微粒在互相碰撞、吸附和旋转的过程中不断壮大，最后形成了几个原始星球的胚胎，其中一个就是地球。刚刚形成的地球不断地旋转着，使重的物质沉到地心，轻的物质留在表层，从而形成了由地壳、地幔、地核三部分组成的地球内部层圈。

早期的地球在不断地熔融和凝结过程中释放出大量的甲烷、氨、水和氢气，它们被地球捕获，形成了原始的大气和海洋。在阳光的沐浴下，地球逐渐变暖，接着产生了风暴和电闪雷鸣、火山爆发、岩浆奔流等现象。在这个过程中，经过分子的组合和复杂的化学变化，逐渐形成了能不断自我复制的分子，又经过了漫长的演化，最终形成了原始的生命。

想一想

1. 地球内部由（　）构成的。

A. 地壳、地幔　B. 地壳、地核
C. 地壳、地幔、地核

2. 太阳系从开始到现在经过了（　）年。

A. 几百万　B. 几十亿　C. 几千万

小贴士

太阳系

太阳系在银河系之中，是以太阳为中心，由包括我们地球在内的八大行星、矮行星、太阳系小天体围绕它不停旋转而形成的一个天体系统。

答案：1C 2B

4 地球是球形的吗

人们对地球形状的认识经历了一个漫长的过程。早期，人们凭直觉认为天是圆的、地是方的，所以有“天圆地方”的说法。公元 1522 年，麦哲伦和他的伙伴完成了绕地球一周的航行，证实了地球是球形体。今天，通过地球卫星拍摄的照片，我们可以清楚地看到圆球形的地球。

地球的形状跟它的成因、重力和自转有关。地球在形成过程中，外部先冷却固化，地幔以下仍处于高温熔融状态，在重力作用下，地层中轻重不同

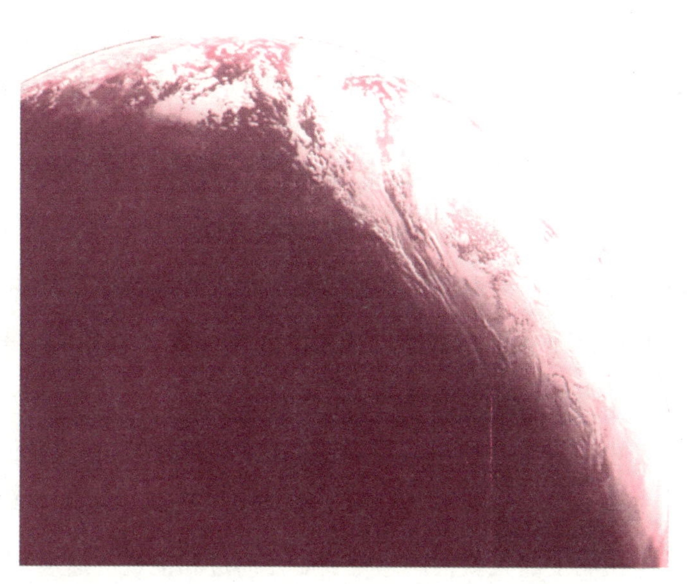

的物质逐渐分层，呈现出同心圈的结构。距地心相同距离处基本上由同一种物质构成，因此重力也一致，而只有圆球形才能保证各方向上的重力平衡。同时，地球自转产生的惯性离心力在赤道上最大，就使得地球由两极向赤道逐渐膨胀，形成了稍扁的圆球体。科学家们通过实际测量，测得地球从地心到赤道的半径长为 6378 千米，从地心到两极的半径长 6357 千米，二者相差 21 千米。

想一想

1. 第一个完成环球航行的人是（　）。

A. 华盛顿　B. 郑和　C. 麦哲伦

2. 地球的离心力最大的地方在（　）。

A. 南极　B. 赤道　C. 北极

答案：1C 2B

小贴士

地球卫星

地球卫星指的是人造地球卫星，就是用火箭发射到天空中一定高度，用于观测、研究用的仪器，在那里，它的速度能抵消地球对它的引力，使它能够按一定轨道绕地球运行，而不会掉下来。

5 地球转动，为何我们感觉不到

大家知道，地球在永不停息地绕着地轴自西向东运转，同时它也在绕着太阳公转。在赤道上，物体随地球自转的运动速度每秒钟能达到 465 米，一天大约会移动 4 万千米，而地球绕太阳公转的速度则每秒可达到 30 千米。这么快的速度早已超出了我们在地球上搭乘的任何一种交通工具，我们始终生活在地球上，但是为什么感觉不到地球在转动呢？

其实，这是由于缺少参照物以及惯性的缘故。乘车的时候我们能感觉到车在前进，是因为有路边的树或建筑作为参照物；而在茫茫的大海中，几乎没有参照物，坐在船上的人就很难感觉到船在前进和前进的速度。

事实上，日月星辰的东升西落就说明了地球是在不停地自转。

另外，由于地球在永不停息地运动着，运动的速度也基本保持均匀，并没有忽快忽慢，从而使我们保持惯性，所以就感觉不出地球在动了。

想一想

1. 我们能感觉到物体运动的原因是（　）。

A. 有特异功能　B. 有参照物　C. 物体会运动

2. 在地球赤道上的一个点每天自转能移动（　）千米。

A. 4 万　B. 8 万　C. 30 万

答案：1.B 2.A

小贴士

物体的惯性

物体保持自己原有的运动状态或静止状态的特性叫做物体的惯性。例如，我们乘车的时候随着汽车一起前进，当突然刹车时，汽车停止运动，但我们还会保持原来运动的状态，就会向前倒去，这时如果不扶好就会摔倒，这就是惯性惹的祸。

6 地球的年龄有多大

地球有多大岁数？从人类的老祖先开始，人们就一直苦苦思索这个问题。

地球的地质年龄，我们现在一般是根据放射性元素的衰变规律来估算。科学家们通过这种方法测得了地球上许多古老岩石的年龄。近年来，科学家们又测得了一些坠落地球上的陨石年龄是 44 亿～48 亿年，而从月球取回的岩石样品的年龄是 46 亿年左右。

经过科学家们大量的测算和必要的校正，现在国际上普遍以 45.5 亿年作为地球的地质年龄。

想一想

1. 现在国际上公认的地球的年龄是（ ）。

A.44 亿年 B.45.5 亿年 C.46 亿年

2. 地球年龄是通过（ ）得来的。

A. 科学家的猜想 B. 动植物年龄推算
C. 岩石中放射性元素的衰变规律

答案：1.B 2.C

小贴士

放射性元素的衰变规律

有一种化学元素可以自己发出一股射线，然后变成另外一种元素，它就是放射性元素。而这种放射性元素发出射线变成另一种元素的规律就叫做放射性元素的衰变规律。

7 人类是怎么知道地球总面积的

世界上第一个用测量的方法推算出地球面积的人是古希腊学者埃拉托色尼。

在亚历山大港以南的阿斯旺有一口很深的枯井，每年只有夏至那一天的正午，太阳才能够一直射到井底，也就是说，这一天的正午，太阳位于阿斯旺的天顶；与此同时，亚历山大港正午的太阳并不是直射的。

埃拉托色尼用一根垂立地面的长柱，测得亚历山大港那天太阳的入射角为 7.2 度，而这 7.2 度的相差，正是亚历山大港和阿斯旺两地的地面弧距。据此，他求得地球的圆周为 25 万斯台第亚（相当于 39816 千米），这个数值已经相当接近目前计算出来的地球圆周。此后，科学家们分别运用相似法、三角测量法进行了精密的测算，算得地球的平均半径为 6371 千米，然后根据几何公式推算出地球的总面积大约是 51000 万平方千米。

想一想

1. 世界上第一个用测量的方法推算出地球面积的人是古希腊学者（　）。

A. 亚里士多德　B. 伽利略　C. 埃拉托色尼

2. 科学家们根据几何公式推算出地球的总面积大约是（　）万平方千米。

A.960　B.1300　C.51000

答案：1.C 2.C

小贴士

地球的表面

地球表面分布着黄色的陆地和蔚蓝色的海洋。浩瀚的海水占据了地球三分之二以上的表面。陆地分散在海洋中间，把广大的水面分成了四大块，即太平洋、大西洋、印度洋和北冰洋。陆地表面凹凸不平的地方则是平原、盆地、山脉等。

9 未来地球将是什么模样

由最初的宇宙大爆炸不断演化，形成了今天的银河系、银河外星系等宇宙天体物质。地球也随之诞生，并经过漫长的进化、变迁，造就了我们今天的盎然生机。

地球的热量主要来自于放射性元素所产生的能量。在地质变迁过程中，随着地球内部放射性元素的不断减少，地壳温度逐渐下降，地质构造运动和火山运动逐渐减弱，地球表面的高山将不断被削蚀，低谷不断被填平，最后整个地球表面将被海水覆盖，变成一片汪洋大海。但是，这大概需要几十亿年甚至更长的时间。

另外，太阳——地球所赖以生存的恒星，也主宰着地球的命运。现在正处于壮年期的太阳，几十亿年后就会进入红巨星阶段。到那时，太阳会变热膨胀，亮度会增加近千倍，直径也增大200倍，地球将被烤为灰烬，最终挥发，地球上的生命也就荡然无存了。

想一想

1. 地球产生的方式是（　）。

A. 宇宙大爆炸　B. 上帝造出来的
C. 人们想象的

2. 地球最终会（　）。

A. 变成汪洋大海　B. 被太阳烤为灰烬
C. 变成红巨星

答案：1.A 2.B

小贴士

红巨星

当一颗恒星的中心快要燃烧尽的时候，它将进入老年期。这时，它的体积会迅速膨胀，表面的温度也会降低而发出红光，这个阶段的恒星称为红巨星。

9 地心温度有多高

地球作为一个整体，是由同心圈层构成的，从表面向地心依次为地壳、地幔、地核。它们的温度都不相同，越往地心温度越高。

最外层的地壳平均厚度为 33 千米，地壳的底部温度能达到 1000℃左右。地壳往下是地幔，地幔为固体层，厚度 2900 千米左右。地幔再往里就是地核，它的半径约 3500 千米，成分主要是铁。地核可分为“外地核”和“内地核”两层。处在地表以下 2900 千米～5120 千米的部分叫外地核，是液体状态。从 5120 千米直到地心则为内地核，是固体状态。

科学家通过模拟的方法来推测地心的温度。由于地球中心是熔融状态的铁，通过制造与地球内部相同的压力条件，在此条件下测出铁熔化的温度就可以测出地球中心的温度。经过 500 次试验，科学家们得到铁在这种高压条件下的熔化温度是 7300℃，但由于地心还存在硫等其他元素，会降低铁的熔化温度，因此最终的结论是地心温度约为 5500 ～ 6000℃。

想一想

1. 地球内部温度的变化是（　）。

A. 越往地心温度越高　B. 越往地心温度越低
C. 温度都一样

2. 地心的最高温度可达到（　）。

A.1000℃　B.7300℃　C.6000℃

答案：1.A 2.C

小贴士

物质的状态

物质一般有固态、液态、气态三种状态：固态是物体有一定体积和形状，比较坚硬的状态；液态是物体有一定体积、没有一定形状、可以流动的状态；气态是物体没有一定体积和形状，可以流动的状态。随着温度和压力的改变，物质的不同状态可以相互转化。

10 地热有哪些作用

地热资源的利用由来已久，早在 2000 多年前人们就开始开发利用地下热水，至今没有中断过。目前人们开发利用的地热主要是地下热水和蒸汽。

地热资源用途十分广泛。90℃以上的中高温地热主要用于发电和烘干等工业领域，例如西藏的羊八井地热田。90℃以下的低温地热，由于温度适宜、清洁无污染，而且富含多种对人体有益的矿物质，因此用途更加广泛，可以从以下几方面来开发利用：

1. 地热直接供暖，既可以避免空气污染，又利于环保，而且节约能源。

2. 用于治疗保健。许多地区的中低温热矿水，富含锂、氟、氡、偏硼酸、偏硅酸等多种矿物质，有一定的医疗、保健、养生作用。

3. 利用地热建造温室或进行热水养殖，发展种植、养殖业。

随着地热资源的广泛利用，丰富的地下热能很可能成为 21 世纪一种重要的新能源。

想一想

1. 人们从（ ）就开始开发地热资源。

A.2000 多年前 B.1000 多年前 C.20 世纪 80 年代

2. 90℃以上的地热主要用来（ ）。

A. 地热供暖 B. 热水养殖 C. 发电和烘干

答案：1.A 2.C

小贴士

我们使用的能源

能源是自然界中能为人类提供某种形式能量的物质资源。人们使用的能源通常按其形态特征或转换与应用层次进行分类。世界能源委员会推荐的能源类型分为：固体燃料、液体燃料、气体燃料、水能、电能、太阳能、生物质能、风能、核能、海洋能和地热能。

11　地热从哪里来

地球本身就像一个大锅炉，内部蕴藏着巨大的热能。它由地壳、地幔、地核组成，越往下温度越高。地热就是指地球内部蕴藏的热能量。从地球表面往下正常增温是每增加 1000 米，温度增加 25 ～ 30℃，在地下 40 千米处温度可达 1200℃，地球中心温度可达 6000℃。在地质因素的控制下，这些热能会以热蒸汽、热水、干热岩等形式向地壳的某一范围聚集，如果达到可开发利用的条件，便成了具有开发意义的地热资源。

地球内部温度这么高，那么它的热量是从哪里来的呢？科学研究表明，地热的主要来源是地球物质中放射性元素衰变所产生的热量。据估算，地球内部由于放射性元素衰变所产生的热量，平均每年约为 2×10^{21} 焦耳。火山、地震也是热能爆发的一种形式，但目前人类还无法利用这部分能量。人类现在能开发的地热资源主要是地下水和蒸汽。

想一想

1. 从地球表面往下正常增温是每增加 1000 米，温度增加（　）。

A.25～30℃　B.30～40℃　C.35～45℃

2. 地球结构中（　）最热。

A. 地壳　B. 地幔　C. 地核

答案：1.A 2.C

小贴士

地热资源

地热资源是指能够为人类经济开发利用的地球内部的热资源，也是一种清洁能源。地热资源是世界上最古老的能源之一。据测算，地球内部的总热能量，约为全球煤炭储量的 1.7 亿倍。每年从地球内部经地表散失的热量，相当于 1000 亿桶石油燃烧产生的热量。

12 火龙洞为什么四季火热

火龙洞位于新疆伊犁的铁厂沟西山，是公元1814年发现的。火龙洞里的气温很高，即使是洞口，其最低气温也超过40℃。更有意思的是，一处向阳的小洞口的温度竟高达上百摄氏度，不仅可以煮鸡蛋、烘烤，还可以清炖羊肉。

火龙洞是由地下煤田自燃而形成的地热资源，煤自燃所产生的热气从断裂的缝隙中溢出，这种含有硫黄、白矾、水晶等多种矿物质的气体对治疗多种慢性顽症有一定的疗效，尤其对高血压、风湿病、皮肤病等疾病有十分奇特的疗效。当地的医院还根据洞口不同的温度设置了埋沙、烤腿等不同的治疗室。

由于火龙洞奇异的功效和良好的治疗条件以及神奇的传说，火龙洞不仅备受伊犁各族群众的推崇，而且也吸引了许多到此观光的国内外游客和各地的患者。

小贴士

物体的自燃

自燃是指物质在空气中剧烈氧化而自动燃烧。主要是由于物体的着火点（燃点）较低，或者经过剧烈摩擦、温度剧增等引燃物体所致。夜晚出现在墓地附近的“鬼火”就是磷的自燃现象。物体自燃会对人造成严重伤害，所以应注意通风，不要将易燃物体长时间置于阳光下。

想一想

1. 火龙洞位于（　）。

A. 新疆伊犁　B. 新疆乌鲁木齐　C. 西藏

2. 火龙洞洞口的最低气温在（　）以上。

A.30℃　B.40℃　C.85℃

答案：1.A 2.B

13 地下为什么会有石油

石油是我们人类赖以发展的重要能源，在现代工业、交通、国防等多方面都起到了极为重要的作用。石油产品已被广泛地应用到国民经济的各部门。

石油的主要成分是碳氢有机物的混合物，约占石油成分的97%～99%。石油是由埋藏在地底的远古生物遗体变化而成的，它的形成经过了漫长的年代。沿着地表深入地壳，平均每3千米就有含石油的岩层。石油层是在数亿年前沉积而成，当时陆地面积还很小，地球的绝大部分是海洋。随着时间的流逝，泥沙掩埋了远古的动植物残骸，这些埋藏在沉积盆地的动植物残骸在缺氧环境下经细菌作用将碳水化合物中的氧逐渐消耗。随着地壳运动的变化，这些有机物越埋越深，温度和压力也逐渐升高，这些沉积的有机物逐渐受热裂解，成为石油和石气。

小贴士

中国最大的油田

大庆油田是我国最大的油田，位于黑龙江省西部，松嫩平原中部，地处哈尔滨、齐齐哈尔市之间。油田南北长140千米，东西最宽处70千米，总面积约6000平方千米。大庆油区的发现和开发，丰富和发展了石油地质学理论，对中国工业发展产生了极大的影响。

想一想

1. 石油的主要成分是（　）。

A. 水　B. 碳氢有机物　C. 酒精

2. 石油是由（　）变来的。

A. 远古的生物遗体　B. 岩浆　C. 水和泥土

答案：1.B 2.A

14 煤是从哪里来的

煤是黑色的可燃矿物质，它既是我们的工业原料，又是生活燃料，在现代的生产生活中扮演着十分重要的角色。那么，煤是从哪里来的呢？

煤是古代植物遗体的堆积层埋在地下后，经过长时期的地质作用而形成的。

在地质历史上，沼泽森林覆盖了大片土地，包括菌类、蕨类、灌木、乔木等植物，但由于在不同时代海平面常有变化，当水面升高时，植物因被淹而死亡，在被水淹而缺氧的环境里，植物体不会很快地分解、腐烂，随着倒木数量的不断增加，最终形成了植物遗体的堆积层。这些古代植物遗体的堆积层在微生物的作用下，不断地被分解，又不断地化合，渐渐形成了泥炭层。

经过漫长的地质作用，在温度增高、压力变大的还原环境中，泥炭层最后转变为煤层。因埋藏深度和埋藏时间的差异，形成的煤也不尽相同。

想一想

1. 煤是（　）形成的。

A. 古代动物遗体　B. 古代植物遗体
C. 岩石变质

2. 泥炭层转变为煤层是因为（　）。

A. 温度降低　B. 压力变小　C. 温度升高

答案：1.B 2.C

小贴士

煤层中的琥珀

辽宁抚顺的煤矿工人曾在采煤时挖出了黄色透明的琥珀矿石，令人惊奇的是，这些琥珀中有的还含有小昆虫。原来在4000万年前，那里是一片森林，滴下的树脂粘着昆虫被埋在地下。经过漫长的地质作用，树木炭化成了煤，而树脂和小虫则变成了琥珀。

15 煤矿中的瓦斯是从哪里来的

现在翻开报纸，经常能见到某处又发生煤矿灾难的新闻，矿难的后果是人员伤亡，损失惨重。在日渐频繁的矿难事故中，瓦斯爆炸是比较常见的。那么，煤矿中为什么会有瓦斯呢？

众所周知，煤是由远古时代的植物演变而来的，而植物在形成煤的漫长而久远的历史过程中，会产生一系列相当复杂的化学反应，瓦斯就是煤在形成过程中产生的一种可以燃烧的气体，它的主要成分是沼气。据测算，在地底层，每生成1吨煤，就会产生约1000立方米的沼气，但是大部分沼气都在煤生成后的漫长岁月里慢慢从煤层中渗出去了，残存在煤层里的很少。但是，在采煤时，这些残存的气体会“跑”出来。当矿井中空气里瓦斯含量达到5%以上时，只要遇到一丁点儿火花，就会点燃沼气，发生爆炸，造成事故。所以，煤矿工人在矿井下作业时，要格外注意通风防火，以防瓦斯爆炸。

想一想

1. 瓦斯一般在（　）比较常见。

A. 大气中　B. 煤矿中　C. 河流中

2. 瓦斯的形成和（　）有关。

A. 煤　B. 石油　C. 金属矿

答案：1.B 2.A

小贴士

煤的化学成分

煤是地球上储量最多的化石燃料，它的化学组成主要是碳、氢、氧、氮等几种元素。此外，还可能含有硫、磷、砷、铝、汞、氟等有害成分以及锗、镓、铀、钒等有用元素。

16 化石是怎样形成的

化石是由地质历史时期生物的遗体或其他生物活动的遗迹被沉积物埋藏之后，在沉积物的压实、固结成岩过程中，经过化石作用形成的。

化石的形成是一个艰难的历程，它必须依靠一系列的有利环境。具有性质稳定的硬体的生物保存为化石的可能性较大；生物死亡后遗体能够被迅速而长期埋藏，才不致很快腐烂、被分解，从而比较容易形成化石。生物遗体或遗迹所在环境的物理、化学条件也很重要，潮湿、酸性或有氧的环境不利于化石的形成。沉积物的类型对化石的形成和保存有重要影响，如果生物遗体被化学沉积物（如碳酸钙）或生物成因的沉积物所掩埋，形成化石的可能性比较大。这样，在适宜的条件下，埋藏于地下的生物遗体或遗迹经过漫长的地质作用，就形成了化石。

想一想

1. 如果一只老鼠死在野外十几天，它（　）成为化石。

A. 能　B. 不可能　C. 不清楚

2.（　）对生物形成化石没有影响。

A. 酸性环境　B. 潮湿的环境

C. 快速而长期埋藏

答案：1.B 2.C

小贴士

活化石——银杏

银杏树又名白果树，远在两亿七千多万年前，它的祖先就开始出现了。到了一亿七千多万年前，银杏已和当时称霸世界的恐龙一样遍布世界各地，后来，绝大部分银杏像恐龙一样灭绝了，只在我国极少部分地区被保存下来，流传到现在，成为稀世之宝。

17　山是怎样形成的

在地球上，山地面积大概占陆地面积的28%。地球上之所以多山，是地壳运动的结果。

形成山的主要动力是地壳的水平挤压，一种是由于地球自转速度的变化而造成的东西方向的水平挤压；另一种是由于在不同纬度上受地球自转的线速度不同而造成的地壳向赤道方向的挤压。这两种挤压再加上地壳受力不均所造成的扭曲，就形成了各种走向的山脉。

一般来说，地壳中比较坚实刚硬的部分，在地壳发生运动的时候，往往发生断裂，在断裂的两侧相对上升或下降，有时也能凸出地面成为高山。在地壳中一些柔弱地带往往较易因地壳运动剧烈而产生褶皱隆起，造成绵亘的山脉，世界上的许多山脉就是这样形成的。

地壳运动造成了地面的凹凸不平后，再经过气候、流水以及冰川的侵蚀冲刷，于是就创造了如今众多崇山峻岭的美景。

想一想

1. 地球上的山地面积大概占陆地面积的（　）。

A.10%　B.28%　C.50%

2. 山的形成是（　）。

A. 上帝造的　B. 土地神仙变出来的
C. 地壳挤压的结果

答案：1.B 2.C

小贴士

奥林匹斯山与奥运会

奥林匹斯山坐落在希腊北部，是希腊最高峰。古希腊人将之尊奉为“神山”，想象山上住着传说中的诸神，规定每四年一次在祭神仪式时举行体育竞技大会，大会期间实行休战，以便公民自由往来，因而受到普遍欢迎。这就是最古老的奥林匹克运动会。

18 为什么会有自己跳动的石头

青少年朋友，你们见过会跳动的石头吗？肯定没有吧，那么我现在向你们介绍一种会跳动的石头！

有一次，一位科学家将从深海底刚采集到的石块放在船的甲板上，这些石块突然如青蛙一样蹦跳起来，并且发出“叽叽哇哇”的声音，把科学家吓得跳了起来。

后来，科学家研究发现，原来这些会跳动的石块来自那些死火山或者环状火山构成的海底山中。这些火山石里含有的二氧化碳气体占石块总体积的18%。而当这些石块在深海海底时，因为那里的压力大，便会呈现相对稳定的状态；当它们升到水面时，因为压力减小，石块里的气体不断地向外逸出，就可以使石块浮起，从而出现了蹦蹦跳跳的现象。

想一想

1. 世界上（ ）会跳动的石头。

A. 有　B. 没有　C. 不清楚

2. 石头会跳动是因为（ ）。

A. 石头被巫婆施了魔法　B. 石头是妖怪
C. 石头里有气体跑出来

答案：1.A 2.C

小贴士

二氧化碳的作用

二氧化碳是植物光合作用的必备原料，其含量增多对植物的生长有好处。它在潜水、航空中可作为氧气的来源，在工业技术和高科技生产中也起到重要作用。但是，二氧化碳增多会引起温室效应，使两极冰川融化，危及沿海城市，影响这些地区和人民的生产和生活。

19 岩石是怎样形成的

地球上的岩石千姿百态，五彩缤纷，而且地球内部的岩石呈层带状结构。那么，这些岩石究竟是怎么来的呢？

岩石依照其形成原因可以分为火成岩、沉积岩、变质岩三种。

火成岩，又叫岩浆岩，是岩浆侵入地壳上部的岩层中或喷出地表后冷凝而形成的岩石。火成岩也是地壳中分布最广的一种岩石，例如，黄山、华山、衡山等都是岩浆侵入地壳上层形成的侵入岩，主要成分是花岗岩；而火山喷发出来的岩浆凝固而成的则是喷出岩，如玄武岩。

沉积岩，是地壳最上部的岩石，它是一万年前的岩石经过水、风或冰川冲刷、堆积而成的，例如页岩、石灰岩等。

变质岩，是原来的沉积岩或火成岩，在高温、高压下发生变质作用而形成的一种全新的岩石，例如花岗岩就能变成片麻岩。

想一想

1. 岩石中分布最广的是（　）。

A. 火成岩　B. 沉积岩　C. 变质岩

2. 石灰岩属于（　）。

A. 火成岩　B. 沉积岩　C. 变质岩

答案：1.A 2.B

小贴士

地壳中的岩石

地壳指地球外表一层由岩石组成的固体硬壳，也称岩石圈，平均厚度为 17 千米。地壳中富含硅和铝，按成分可分为上下两层：上层成分相当于花岗岩，称花岗岩层；下层成分相当于玄武岩，称玄武岩层。

20 为什么会有软的石头

大自然真是神奇，造就了丰富多彩的生物世界，还有形态各异的自然景观，就连石头都有柔软的呢！在青藏高原的伦坡拉盆地就有这样柔软的石头，这种岩石不仅能弯曲、折叠，甚至可以像布一样卷起来。这是怎么回事呢？

原来，这种岩石叫做页岩。页岩主要是沉积下来的黏土层变成的。下层的黏土受上层黏土的挤压，越来越紧，同时黏土中的各种矿物质起到“胶水”的作用，黏土就在压力和胶结的作用下，渐渐变成了岩石。由于黏土中所含的杂质、水分和胶结过程的不同，有些页岩就显得很柔软，用指甲就可以掐出痕迹来，有些还可以折叠或卷曲。因为形成页岩的黏土是一层一层堆积起来的，因而，页岩有着很明显的薄片状层理，可以像书页一样一片一片地剥下来。

想一想

1. 柔软的石头属于（ ）。

A. 花岗岩　B. 石灰岩　C. 页岩

2. 柔软的石头是（ ）变成的。

A. 黏土层　B. 火山喷发　C. 岩石风化

答案：1.C 2.A

小贴士

沉积岩

沉积岩是地表的主要岩类。它是由原来已形成的岩石，受到风化作用后变为碎屑，或由生物的遗骸等，再经过侵蚀、沉积及石化等作用而形成的岩石。这些岩石都成层状，最先沉积者在最底层，时代较久远；层次愈上者时代愈新。

21 沼泽是怎样形成的

沼泽的形成有多种原因，大致可以分为水体沼泽和陆地沼泽。

水体沼泽一般存在于一些气候湿润的地区，河水带着许多泥沙流入湖泊，年深日久，湖泊变得越来越浅。伴随着湖水深浅的不同，各种各样的水生植物也逐渐繁殖起来。这些植物不停地生长、死亡，大量腐烂的植物残体开始不断地在湖底一点点堆积，慢慢形成泥炭，并随着湖底的逐渐淤浅，于是又有新的植物开始出现，从四周向湖心发展，最终湖泊变得越来越小，越来越浅。而当湖泊中间的沉淀物增大到一定程度时，原来水面宽广的湖泊很快就会变成水汪汪的、水草丛生的沼泽了。

陆地沼泽主要存在于低洼平原上的一些河流沿岸，例如，在河水浅、流速慢的一些地带会产生积水，使水草生长很快而慢慢形成沼泽。

想一想

1. 水体沼泽一般出现在（　）。

A. 湿润地区　B. 干旱地区　C. 半干旱地区

2. 水体沼泽主要是由（　）变成的。

A. 河流　B. 湖泊　C. 湿地

答案：1.A 2.B

小贴士

红军长征过“草地”

当年，中国工农红军长征时，经过了茫茫无际、人畜难行的“草地”，它其实就是一片沼泽地。沼泽是在多水的条件下形成的，但它既不同于湖泊，也不同于湿地，是一种特殊的自然综合体。

22 为什么火山会爆发

炽热的岩浆在地下运动，遇到合适的机会就会喷涌而出，引起火山爆发。那么，引发火山爆发的动力在哪里呢？

地球的地心处是熔融状态，炽热的岩流在地球内部不停地翻滚运动，当运动十分剧烈时，在地壳的薄弱地带，尤其是板块交界处，就很容易喷射而出，引起火山爆发。地震发生时板块活动比较剧烈，容易引起火山爆发。月球在绕地球公转时，到达近地点，对地球的引力加大，加剧了地球内部岩浆的活动，而月球引发的潮汐会改变海水对海岸线和岛屿的压力，也会引起火山爆发。暴雨的冲刷会使处于萌芽状态的火山加速爆发，大量的雨水渗入地下，然后

被高温熔岩加热蒸发，这样在雨水变成蒸气时压力大大增加，从而引起火山爆发。

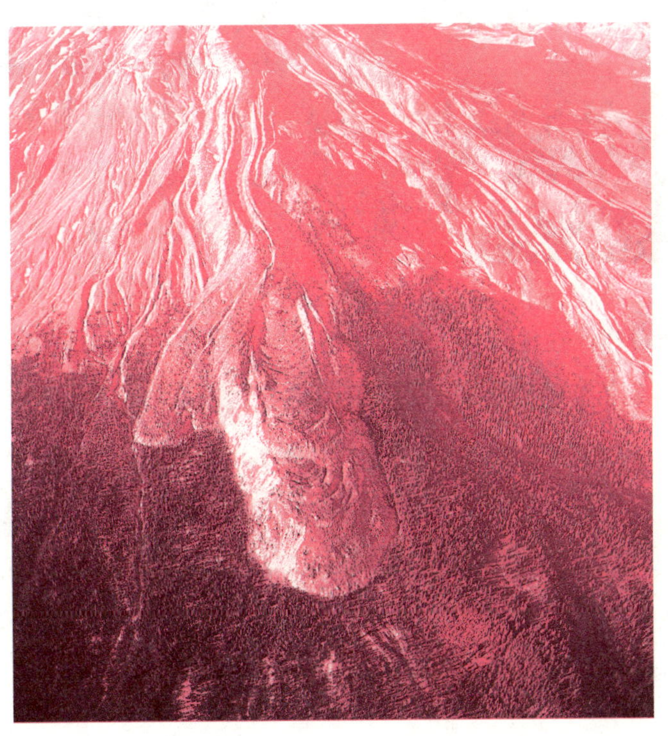

想一想

1. 火山爆发时喷出来的是（　）。

A. 炽热的岩浆　B. 地壳中的泥土
C. 沸腾的开水

2. 火山爆发跟（　）现象有关。

A. 极光　B. 泥石流　C. 潮汐

答案：1.A 2.C

小贴士

世界最大的活火山

世界上最大的活火山是夏威夷群岛的冒纳罗亚火山。它原来在深达千米的海底，后来海底火山爆发，喷出的熔岩长期堆积，以致最终露出海面。冒纳罗亚火山海拔4170米，浸在海水中的基座有4600米。

23 云南石林为什么风光奇特

云南石林，是云贵高原的一道奇景，那里有无数的奇峰怪石，千姿百态，栩栩如生，还有许多湖泊和池塘，波光粼粼，清澈见底，让游人流连忘返，尤其是石峰“阿诗玛”，还有着一段凄美的传说。那么，石林这么奇特的风光是怎么形成的呢？

云南石林，在地质学上称为岩溶地貌，又称喀斯特地貌。根据科学鉴定，这里在距今 2.7 亿年前是一片大海，海底是石灰石沉淀区，后来由于地壳的运动，海底上升露出海面，经海水、雨水的溶融、冲刷和风化，大约在 200 万年前就已经形成千百万座拔地而立的石峰，与众多的石柱、石笋、石芽连为石林。石林分布面积达 3 万公顷（45 万亩），目前向游人开放的只是其中的一小部分。云南石林以其“幽、奇”在世界自然景观中堪称一绝，被誉为“天下第一奇观”，是世界上最壮观的石林景区之一。

想一想

1. 云南石林在地质学上被称为（ ）。

A. 雅丹地貌　B. 喀斯特地貌　C. 风蚀城堡

2. 云南石林是在（ ）形成的。

A.10 万年前　B.200 万年前　C.2.7 亿年前

答案：1.B 2.B

小贴士

准世界自然遗产

2006 年 1 月 13 日，以云南石林、贵州荔波、重庆武隆为主的“中国南方喀斯特世界自然遗产”申报项目被国家建设部确定并报经国务院批准后，“石林”正式呈报联合国教科文组织世界遗产中心，成为中国当年唯一的世界自然遗产申报项目。

24 为什么会有地震

地震是一种自然现象，地球上经常发生。在古代，人类由于科学知识落后，一直把地震灾害归结于上帝天神等超自然力量运作的结果。例如，印度一些部落认为，海龟上站着几头大象背负着大地，大象一动地震就会发生；古希腊传说海神生气时会拿三叉戟敲击海底，于是造成地震和海啸。

随着人们认识的提高，20 世纪 60 年代起，科学家逐步提出板块大地构造学说。地球表面岩石圈由几块巨大的板块体构成，板块边界往往是地震、火山活动特别活跃的地带。地震绝大部分发生在地壳中，由于地球在不断运动和变化中，逐渐积累了巨大的能量，在地壳某些脆弱地带，造成岩层突然发生破裂，或者引发原有断层的错动，这就是地震。

另外，在火山爆发后，由于大量岩浆损失，地下压力减少或地下深处岩浆来不及补充，出现空洞，引起上覆岩层的断裂或塌陷，也会产生地震。

想一想

1. 地震发生的原因是（　）。

A. 天神发怒　B. 巫婆的咒语　C. 地壳的活动

2.（　）会引起地震发生。

A. 火山爆发　B. 台风　C. 洪水

答案：1.C 2.A

小贴士

唐山大地震

1976 年 7 月 28 日，北京时间凌晨 3 时 42 分 53 秒，唐山发生了 7.8 级大地震。在这次地震中，死亡 24 万多人，重伤近 16.5 万人，是迄今为止世界地震史上最悲惨的一页。

25 为什么会有溶洞

自然的景观千奇百怪，奇妙多姿，溶洞就是其中之一。到过溶洞的人都不会忘记那千姿百态的石钟乳、石笋和石柱，不会忘记那宽敞高大的洞穴、曲折迂回的通道。那么，这些引人入胜、宛如地下龙宫的溶洞是怎么形成的呢？

溶洞的形成是石灰岩地区地下水长期溶蚀的结果。石灰岩里不溶性的碳酸钙受水和二氧化碳的作用能转化为微溶性的碳酸氢钙，当含有碳酸氢钙的水从溶洞顶滴到洞底时，由于水分蒸发或压力减少，加上温度的变化都会使二氧化碳溶解度减小而析出碳酸钙，这些碳酸钙经过漫长的积聚，渐渐形成

了钟乳石、石笋等。如果含有碳酸氢钙的水从溶洞顶上滴落，随着水分和二氧化碳的挥发，则析出的碳酸钙就会积聚成钟乳石、石幔、石花。洞顶的钟乳石与地面的石笋连接起来，就会形成奇特的石柱。

想一想

1. 溶洞一般是（　）溶蚀形成的。

A. 花岗岩　B. 石灰岩　C. 页岩

2. 钟乳石的主要成分是（　）。

A. 碳酸钙　B. 碳酸氢钙　C. 二氧化碳

答案：1.B 2.A

小贴士

中国四大名洞

北京房山的石花洞与桂林西北郊的芦笛岩、浙江桐庐的瑶琳洞、福建将乐的玉华洞并称“中国四大名洞”。其中，瑶琳洞曾经坍塌，1979 年重挖时，在洞内发现了中国犀牙齿化石、西周时期木炭余烬、东汉印纹陶片、隋唐时木炭题字、五代北宋古钱等珍贵文物。

26 为什么地震多发生在夜间

1976 年 7 月 28 日凌晨 3 点 42 分，我国唐山地区发生了 7.8 级大地震，当时大多数人还处在梦乡中，这次地震对当地人而言是一场惨重的灾难。当时有人说：“要是地震发生在白天也不会死那么多人。”但地震往往发生在夜间，甚至在人们熟睡的时候发生，这是为什么呢？

地震的发生与太阳和月球引力有很大关系。当地球内部在孕育地震的过程中，地下的岩石受力的作用接近于破裂时，如果正好又受到太阳和月球的引力作用，这样准备好的地震能量就会一下子迸发出来。地震其实随时都会发生，多发生在夜间是因为夜间受太阳和月球的引力比白天要大得多。

地震不仅多发生在夜间，而且还常发生在农历初一、十五或十六前后，因为这时的太阳和月球引力最大。

想一想

1. 地震多发生在（　）。

A. 上午　B. 下午　C. 夜晚

2. 地震跟（　）有关。

A. 地球的自转　B. 月球的引力

C. 太阳光的照射

答案：1.C 2.B

小贴士

震源与地震波

一次地震发生，只是在一定范围内的人们才能感觉到。地震时，震动的发源处叫“震源”。震动从这里以波的形式向各个方向传出，叫“地震波”。地震波的能量在震源处最大，在传播过程中逐渐减弱，传到一定距离时就弱到人们感觉不出来了。

27 海啸是怎样形成的

海啸是一种严重的自然灾害，海水所到之处以排山倒海之势侵入滨海地区，严重威胁人类的生存。2004 年发生的印度洋大海啸夺去了 20 多万人的生命，沿岸的几个国家满目疮痍，人们流离失所……这场海啸给人类带来的损失无法估量。

产生海啸的最主要原因是地震，当地震在深海海底或者海洋附近发生时，地壳运动造成海底板块变形，板块之间出现滑移，这就造成大量海水逆流，并引发海水大规模地运动，形成海啸。2004 年的印度洋海啸就是印度洋海底大地震引发的。

海底山崩塌方、滑坡或海底火山爆发也会引发海啸，山崩塌方落下的沉积物和岩石会导致大规模海水运动，产生巨大的海浪，从而引发海啸。

另外，宇宙天体也是引发海啸的原因之一，当陨石落入海洋激起的波浪冲击力足够大时，就会引发海啸。不过这种情况极少见。

想一想

1. 产生海啸最主要的原因是（　）。

A. 火山爆发　B. 地震

C. 海底山崩塌方、滑坡

2. 海啸是一种（　）。

A. 人为灾害　B. 天体行为　C. 自然灾害

答案：1.B 2.C

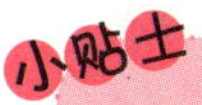

小贴士

可怕的海啸

地震引起海底震动时，就会引发海啸。海啸能产生从海底直升到海面的海浪，其威力比一般海浪要强大得多。海啸产生的浪并不高，但其运动速度极快，能达到每小时 800 千米。当海啸到达海岸时，便堆积成巨大的浪头，给岸边的城镇造成巨大破坏。

29 泥石流会造成多大的危害

泥石流是一种罕见的自然灾害，它是大量泥沙、石块和水的混合物沿沟道或坡面流动的现象。它爆发突然、来势凶猛，具有很大的破坏力。泥石流流动的全过程一般只有几个小时，短则只有几分钟。

泥石流一般发生在半干旱地区或高原冰川地带，这些地方地形陡峭，植被较少，石块很多，一旦暴雨来临或冰川解冻，就很可能发生泥石流。

由于泥石流中含有大量的泥沙和石块等固体物质，泥沙石等甚至占到泥

石流体积的80%左右，因此泥石流比洪水更具破坏力。它的主要危害是冲毁城镇、矿山、乡村，造成人畜伤亡，破坏房屋及其他工程设施，破坏农作物、林木及耕地，造成农业减产减收。此外，泥石流有时还会淤塞河道，不但阻断航运，而且可能引发水灾。

想一想

1. 下列不是泥石流的特点的是（　）。

A. 爆发突然　B. 破坏性大　C. 时间较长

2. 泥石流一般发生在（　）。

A. 湿润地区　B. 半干旱地区　C. 干旱地区

答案：1.C 2.B

小贴士

山体滑坡

山体滑坡与泥石流关系十分密切，都会危害人们的生产、生命安全。山体滑坡发生的主要原因是山坡上的岩石层和土地层受到地下水和雨水的侵蚀及河流的冲刷，慢慢与倾斜的山坡脱离。到了一定程度，这些岩石和土层就开始向下移动，从而形成山体滑坡。

29 为什么黑色的土地最肥沃

东北黑土地是我国土壤最肥沃、最适宜耕作的一片土地。这片面积为100万平方千米的黑土带，范围包括黑龙江、吉林、辽宁和内蒙古的一部分，它为全国提供了14%的米麦、40%的大豆和50%的玉米。那么，为什么黑色的土地最肥沃呢？

东北一带，特别是松辽平原，属中温带半湿润季风气候，夏季高温，雨水充沛，植物生长茂盛，而秋季较短，植物很快枯萎死亡，接着是北风凛冽、寒气逼人的冬季。漫长的冬季，使沉睡在千里冰封下的植物根茎逐渐分解化合，并储存在土壤里，从而形成了黑色土壤。这种土壤含有丰富的腐殖质，表土层很厚，酸碱度适中，团粒结构好，通气透水能力强，土质肥沃，很适宜农作物的生长。由于黑土壤最为肥沃，曾被人调侃"插根筷子都能发芽"，就是这样一片黑土地为国家的农业生产作出了重大的贡献。

小贴士

腐殖质与团粒结构

已死的生物体在土壤中经微生物分解而形成的有机物质叫做腐殖质。由腐殖质和矿物颗粒等构成的团状小土粒，可以储存养分和水分，团粒之间的空隙便于渗水。这种结构叫做团粒结构。

1.（ ）是最肥沃的土地。

A. 黑土地 B. 黄土地 C. 沙土地

2. 我国最肥沃的土地在（ ）。

A. 西北 B. 东北 C. 东南

答案：1.A 2.B

30 日本为什么火山地震多发

日本是亚洲东部、太平洋西北侧的群岛国家，由北海道、本州、四国、九州4个大岛和约3900个小岛组成，全称日本国。面积37万平方千米，人口1.24亿（1994年统计数字），主要为日本人，通用日语，神道教和佛教较盛行，首都为东京。

每年的三四月份，樱花盛开，此时的日本是最迷人的。樱花的花期不长，盛开的时间一般为10天，就如一片粉色的云彩由南向北飘过整个日本，日本街头到处洋溢着樱花的味道，令游人陶醉其中。

可是，我们却经常通过电视听说日本发生火山地震的消息，为什么日本容易发生火山地震呢？

日本位于亚欧板块与太平洋板块的交界处。太平洋板块位置较低，它向西水平运动时，就会冲入亚欧板块之下，交界处的岩层就出现变形、断裂，从而产生火山和地震。这两个板块不断碰挤，就使得这一地带的火山和地震频繁发生。

小贴士

日本频繁的地震

据统计，日本境内有活火山83座，占世界所有活火山的十分之一；每年发生地震数千次，且3级以上地震平均每天发生4次。

想一想

日本是亚洲东部、太平洋西北侧的（ ）国家。

A. 陆地 B. 群岛 C. 半岛

答案：B

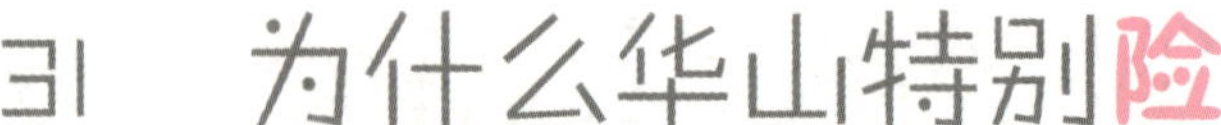

31 为什么华山特别险

“华山天下险”。坐落在陕西省华阴县境内的华山，自古以来就以雄伟奇险闻名天下，其最高峰海拔约 2100 米。这座山，处处是悬崖峭壁，山路险峻，很多人将游华山视为探险。有不少人慕名而来，但登到险处，胆战心惊，半途而返。华山之险是其特色，它的引人之处，也就在这个“险”字上。华山是我国“五岳”之一，称为西岳华山。

华山还有一个特点，就是只有一条道路通往山上，因此有“华山自古一条路”的说法。当然，对于英勇的解放军战士、登山运动员和采药的农民来说，则另当别论了。

登华山，一般是从山脚的玉泉院起步。沿山谷，走约二十华里，到达一处叫青柯坪的地方。其东侧有一块大石，刻有“回心石”三个字。从这里往上就是华山的险途。这三个字是告诉那些体力不济和胆子小的人，到这里就可以止步了。

华山为什么特别险峻呢？华山是秦岭的一峰，在几千万年前，秦岭北段的华山和渭河平原交界地带发生了断裂，华山因此不断升高，渭河平原不断降低。这样，华山就显得又高又陡了。

想一想

1. 华山最高峰海拔约（ ）米。

A.2500　B.2100　C.1800

2. 在几千万年前，秦岭北段的华山和（ ）交界地带发生断裂，华山因此不断升高。

A. 渭河平原　B. 三江平原　C. 长江三角洲

答案：1.B 2.A

小贴士

华山的名胜古迹

华山有很多名胜古迹，庙宇道观、亭台楼阁、雕像石刻随处可见。华山上比较著名的古迹有玉泉院、真武宫、金天宫（白帝祠）等景点。华山以北 7 千米处的西岳庙是古时祭祀西岳华山神的庙宇。

32 为什么在云南、贵州、广西等地有很多天生的石桥

在我国云南、贵州、广西等地有很多天生的石桥。那么，这些石桥是怎么来的呢？

原来在这一带，石灰岩分布很广，要占3个省区总面积的一半以上。每到高温季节，这些地方的有机物容易氧化成碳酸，加上这时雨水充沛，对石灰岩的侵蚀作用非常强烈，很容易形成许多小沟和洞穴。

当它们互相流通的时候，水在其中，就像真正的河槽了。这些地下河流长期溶蚀岩层，最后把顶部溶穿使之坍塌下来，变成了“地上河流”。如果某一个地下河段的前后都发生了坍塌，独有中间一段被保留下来，天生石桥就“诞生”了。

水的雕刻作用

水具有溶解功能，在石灰岩地区，水的溶解作用能将裂隙溶成空洞，并不断扩大。此外，水会劈开石头。气温变化很大时，岩石热胀冷缩使表面出现石缝，雨水渗入石缝在0℃以下结冰膨胀。长此以往，岩石就被水劈开了。

想一想

在我国云南、贵州、广西等地，石灰岩分布很广，要占3个省区总面积的（ ）。

A. 一半以上　B. 三分之一　C. 四分之三

答案：A

33 南极地区为什么没有地震

南极大陆发生的地震很少，有记录的几次地震的震级也不大，因此，南极大陆是地球上最大的地震活动明显不发育的地区。在这里，世界标准地震记录网只记录到为数极少的地震活动。自国际地球物理年以来，已经有十多个地震台站在南极大陆工作，这些台站所记录到的局部小地震通常都是由冰山崩裂或破裂而引起的，只有极少数可能是由火山活动引起的，与埃里伯斯山、罗斯岛及南极半岛附近的火山活动有关。

我们知道，地震是由地壳断裂或位移产生的。在南极，地面上覆盖着很厚的冰盖，最厚的地方可达 4200 米。厚厚的冰盖沉沉地压在地面上，地应力

很难使地壳发生断裂或位移，自然就不会发生地震。

南极洲的陆地动物虽有 150 余种，但其中多为海鸟和海兽身上的寄生虫，并非真正的陆地动物。真正的南极陆地动物有昆虫和蜘蛛类，它们是在南极大陆土生土长的土著“居民”，例如蜱、螨、尖尾虫和蠓等。南极大陆的陆地动物与地球上其他大陆相比，动物的种群和数量都少得可怜。

1. 在南极，地面上覆盖着很厚的冰盖，最厚的地方可达（　）米。

A.420　B.42　C.4200

2. 南极洲的陆地动物有（　）余种。

A.180　B.150　C.130

答案：1C 2B

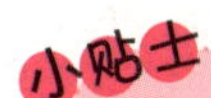

南极企鹅

据说，南极大陆向南漂移时，一种会飞的动物落到了这块土地上。然而随着大陆的南下，温度越来越低，因为四周都是茫茫冰雪，无处可飞，只好待在了这块土地上，日久天长，它们就再也不会飞了。这种动物就是可爱的企鹅。

启迪青少年智慧的地球百科

三　水域的奥秘

河水为何有甜有酸

希腊半岛北部，有一条奥尔马加河，它全长仅80千米，令人奇怪的是它的河水是甜的，其甜味可与蔗糖水媲美，当地人称它为“甜河”。为什么会这样呢？

原来河水在流动过程中会溶解土壤或岩石中的物质，并携带着一起流动。奥尔马加河的河床土层中含有大量的原糖结晶体，这些晶体溶解在水中，形成了甜水。当地居民不仅美滋滋地饮用甜水，还用它灌溉农田而获得好收成。

在哥伦比亚东部普莱斯火山地区有一条名叫雷欧维拉的河，河水中含有8%的硫酸和5%的盐酸，人们称它为“酸河”。

雷欧维拉河流经的是火山地区。火山地区的河床岩层及土壤中含有硫酸、盐酸等物质，因此使河水变酸。这种变酸的河水不仅不能饮用，连鱼虾、植物也不能在水中生长。人如果用这种水洗手，皮肤便会溃烂。如果用这种水浇灌农田，庄稼当然也会枯黄。可见，酸水危害很大。

世界十大长河

世界十大长河依次为非洲的尼罗河，南美洲的亚马逊河，中国的长江，美国的密西西比—密苏里河，中国的黄河，跨俄罗斯、哈萨克斯坦的鄂毕—额尔齐斯河，跨中缅越泰的澜沧江—湄公河，非洲中部的刚果河，俄罗斯的勒拿河，以及中俄边境的黑龙江。

河水在流动过程中会（　）土壤或岩石中的物质，并携带着一起流动。

A. 溶解　B. 腐蚀　C. 消化

答案：A

2 为什么会有地下水

地下水是指埋藏在地面以下，存在于岩石和土壤的孔隙中可以流动的水体。地下水的来源主要是渗入水，是由大气降水、冰雪融水、地表流水、湖水及海水等从地面渗入地下积聚而成的；空气中的水汽因降温在地面凝聚成水滴后渗入地下积聚而成的凝结水；湖水或海水伴随沉积物一起沉积而保存起来的埋藏水；由岩浆活动过程中冷却析离出来的水积聚而成的原生水（初生水）。

地下水有气、液、固态三种，但以液态为主。当含有地下水的岩层或土

壤中的地下水含量过高，达到饱和时，水就从高处渗漏，饱水带中的水即为地下水。常见的井水、泉水都是地下水。地下水分布广泛，水量也较稳定，是工农业和生活用水的重要水源之一。

地下水位过高对农作物生长不利，会造成灾害，如果地下水含盐量较高，则会引发土地的次生盐碱化。

想一想

1. 泉水（　）地下水。

A. 是　B. 不是

2. 地下水的形态有（　）。

A. 液态、气态　B. 液态、固态
C. 液态、气态、固态

答案：1.A 2.C

小贴士

土地的次生盐碱化

由于人类不合理的灌溉、施肥等农业措施，以及洪涝等自然灾害，使地下水的水位上升，透过地表加剧了水分的蒸发，使得土壤中盐分积累，含盐量增加而不适宜农作物生长，这种现象叫做土地的次生盐碱化。

3　瀑布为什么能飞流直下

我国贵州著名的黄果树大瀑布在夏季洪峰到来时宽达80多米，从高达70多米的悬崖上飞流直下，飞落犀牛潭中，发出惊心动魄的轰鸣，溅起的浪花和水雾弥漫成蒙蒙细雨，十分壮观。那么，瀑布为什么能飞流直下呢？

原来，这是地壳运动的结果。地壳运动时发生断裂或错动，会造成陡壁。由于受地球重力的作用，水流从这种落差很大的峭壁上突然跌下，就形成了瀑布。另外，由于火山爆发或地震，产生的泥沙、岩石阻挡了原来的河道，河水水位升高，从别的地方溢出也能形成瀑布。再者，在海岸边上，由于海浪的侵袭，海岸边的怪石嶙峋，河水流经这样的海岸而落入海中也会形成瀑布。还有，石灰岩地区常有暗河涌动，这些暗河流出地面，落差大的也能形成瀑布。

想一想

1. 黄果树瀑布在（　）。

A. 四川　B. 贵州　C. 安徽

2. 瀑布的形成主要是（　）的结果。

A. 地壳运动　B. 泥沙岩石的阻塞

C. 岸边海浪的侵蚀

答案：1.B 2.A

小贴士

地壳运动

地壳运动指由地球内力引起的地壳内部物质缓慢变化的机械运动。它使地球表面的海陆发生变化，并使岩层发生变形和变位，从而形成各种形态，高山、裂谷、瀑布等地理现象都是地壳运动的结果。

4 为什么怒江的水特别湍急

怒江是我国云南西北部一条有名的大河。从字面上看，取名为“怒”，可以猜想它一定水流湍急、“性格”狂暴，事实也的确如此。

距今两三千万年以前，我国云南西部、青藏高原东部的广大地区，地壳发生了强烈的南北向断裂，形成了一系列南北走向的横断山脉，地势北高南低，有利于河流的发育，包括怒江在内的许多河流便在这时形成了。以后地壳又经过强烈的上升，但是怒江却没有随地壳升高，河床深深地陷在陡峭的峡谷里，它以一泻千里、势不可当的气势奔流而下。由于怒江的源头与尾部高度相差几千米，因而河床落差很大，水流特别湍急。

另外，怒江的地理位置靠近印度洋，从印度洋吹来的暖湿气流，受到怒江周围山脉的阻挡，生成降雨云系，降下大量雨水，年降水量可达 1000 毫米以上。大量的雨水增加了河水的流量，使得水势更加汹涌澎湃，像发怒的雄狮，因此把它叫做“怒江”。

小贴士

怒江流域

怒江是我国西南主要国际河流之一，发源于唐古拉山南麓，流经西藏、云南。怒江在中国境内的河段长 1540 千米，它在云南境内流经怒江傈僳白治州，保山地区，临沧地区和德宏傣族景颇族自治州。

想一想

（　）是我国云南西北部一条有名的大河。

A. 怒江　B. 长江　C. 黄河

答案：A

5 为什么河流总是弯弯曲曲的

我们看到的河流，总是弯弯曲曲地从高处往低处流动，只不过弯曲的程度不同。那么，为什么河流总是弯弯曲曲的呢？

原因是多方面的。首先，因为江河两岸的土壤结构不尽相同，土壤内部所含的盐碱等化学成分及其数量也不会完全相同，所以当这些物质溶于水后，不同程度地改变了两岸土壤承受水冲击力的能力。其次，由于地球自转的方向是自西向东，所以地球的自转作用也会改变河流的直线方向，它会使北半球的河流冲洗右岸比左岸更厉害些，而南半球的河流则刚好相反。

河流两岸水流的速度也会快慢不一，流速快的那一端容易被侵蚀，形成

凹陷的岸，而另一端因为流速慢泥沙也容易沉积，形成凸出的岸。久而久之，凸出的岸就越来越凸出，凹陷的岸就越来越凹陷，于是河流就变得曲折了。

想一想

1. 河流的弯曲跟（　）无关。

A. 地球的自转　B. 两岸的土质　C. 河水的颜色

2. 在南半球，河流对（　）冲洗得更厉害一些。

A. 左岸　B. 右岸　C. 两岸都

答案：1.C 2.A

小贴士

中华民族的母亲河

黄河是中国第二大河流，它发源于青藏高原，流经青海、四川、甘肃、宁夏、内蒙古、陕西、山西、河南、山东9个省区。黄河水利资源丰富，流域内地下矿藏众多，各族人民世世代代在这里辛勤劳动，创造了光辉灿烂的华夏文明，成为中华民族的摇篮。

6 为什么河流中会有旋涡

不管是大河还是小河，我们都能发现在流动的河水中会有一些大大小小的旋涡。这是什么原因呢？

河流都是蜿蜒着前进的，河流中出现旋涡，大都是在水流的速度和方向突然发生变化的地方。在河流急转弯的地方，由于水流仍然保持着直线的流动方向，而河岸却强迫水流转弯，内侧的水流由于受到外侧的压力被挤回的时候，一部分水流会回来填补脱水的地方，就形成了旋涡。另外，在桥桩附近或冒出水面的大石块等障碍物的附近，也会出现旋涡。因为在水流被这些

障碍物挡住以后，它会绕过障碍物流过去，而障碍物背面的河水流动较慢，所以绕过障碍的水流就会冲击这些妨碍它畅流的河水而打起转来，形成旋涡。

想一想

1. 河流中有旋涡和（　）有关。

A. 河流的弯曲　B. 河流的颜色

C. 河流的长短

2. 当河水遇到障碍物时，会在（　）出现旋涡。

A. 障碍物的正面　B. 障碍物的背面

C. 障碍物的两侧

答案：1.A 2.B

小贴士

世界上最长的运河

京杭大运河北起北京，南达杭州，纵贯京、津二市，流经河北、山东、江苏、浙江四省，沟通海河、黄河、淮河、长江、钱塘江五大水系，全长1794千米，为苏伊士运河长度的十倍，是世界上最长的运河，也是世界上开凿最早、工程最浩大的运河。

7 亚马逊河为什么被称为“世界河流之王”

亚马逊河是南美洲第一大河、世界第二长河，也是世界上流域面积和流量最大的河流。亚马逊河发源于秘鲁南部安第斯山脉，一路向东，沿途接纳了 1000 多条支流，全长 6400 千米，最终注入大西洋，比我国的长江还长 83 千米。亚马逊河流域面积 705 万平方千米，是长江流域面积的 4 倍，约占南美大陆总面积的 40%；每年注入大西洋的水量约 6600 立方千米，相当于世界河流注入海洋总水量的 1/6。它流经的地方大多是赤道雨林带，所以流量特别大，居世界首位。因而，亚马逊河被人们称为“世界河流之王”。

相传亚马逊族是古希腊神话中的一族骁勇善骑的女勇士。她们常被描述

成手持盾牌，用长矛和弓箭武装起来的骑士。1542年，西班牙探险家弗朗西斯科首次航行于流经秘鲁和巴西的一条巨河，生活在那里的印第安勇士的模样使他联想到亚马逊族的女勇士，于是便将此河命名为亚马逊。

世界第一长河

尼罗河发源于东非高原的布隆迪高地，全长6671千米，是世界第一长河。尼罗河干、支流流经卢旺达、布隆迪、坦桑尼亚、肯尼亚、乌干达、扎伊尔、苏丹、埃塞俄比亚和埃及9国，最终注入地中海。它对沿河各国的经济生活具有重要影响，被视为两岸文明的生命线。

亚马逊河流域面积高达705万平方千米，是（ ）流域面积的4倍。

A. 长江 B. 黄河 C. 尼罗河

答案：A

9 为什么会有冰川

冰川存在于极寒之地，所以地球上只有南极和北极以及其他高海拔的山上才有冰川，并且高海拔山的山峰不能过于陡峭，降落的雪不会顺坡而下，才能形成积雪。在我国，青藏高原就有冰川。

随着外界条件和时间的变化，雪花落到地上会发生变化，变成完全丧失晶体特征的圆球状雪，称之为粒雪。积雪变成粒雪后，随着时间的推移，粒雪的硬度和它们之间的紧密度不断增加，大大小小的粒雪相互挤压，紧密地镶嵌在一起，其间的空隙不断缩小，以至消失，雪层的亮度和透明度逐渐减弱，一些空气也被封闭在里面，这样就形成了冰川冰。冰川冰最初形成时是乳白色的，经过漫长的岁月，冰川冰变得更加紧密、坚硬，里面的气泡也逐渐减少，慢慢地变成晶莹透彻、带有蓝色的水晶一样的老冰川冰。

冰川冰在重力作用下，沿着山坡慢慢流下，就形成了冰川。

想一想

1.（ ）有冰川。

A. 长江三角洲 B. 中国南海 C. 青藏高原

2. 老冰川冰的颜色是（ ）。

A. 银白色 B. 蓝色 C. 无色透明

答案：1.C 2.B

小贴士

地球上的冰川

地球上的冰川大约有2900万平方千米，储水量占地球总水量的2%，但可以直接利用的却很少。这些冰川是在距今二三百万年前，由于北冰洋和西伯利亚的寒潮不断南下侵入，地球笼罩在异常寒冷的气候条件下形成的。

9 长江三峡为什么特别险峻

长江三峡两岸山峰兀立，江底到山顶落差 700 ～ 800 米，且山体紧逼长江两岸，江面最狭处仅 100 米宽。那儿矗立的峭壁紧夹江水，江水在窄道中湍急而过，形成一个紧接一个的旋涡。

在一亿多年前，四川盆地还是茫茫大海。后来由于地壳上升，四川盆地变成了一个较大的湖泊。随着地壳的继续上升，到了几千万年前，盆地中的河水冲出东部高地向东流入大海，东部高地的所在地就是今天的三峡。河中湍急的水流携带的泥沙，不断往下切割高地，使高地的地面与河面落差不断扩大。以后高地受地壳运动影响不断升高，形成高山。河水向下的切割力也不断加剧，把河底越切越深，久而久之，就形成了山高谷深、水流湍急的三峡今貌。

随着三峡水利枢纽工程的兴建，惊险的三峡航行条件会大大得到改善。

三峡水利枢纽工程

长江流域洪水灾害分布很广，防洪任务很重，为此，我国决定修建三峡水利枢纽工程。三峡水利枢纽位于长江三峡的西陵峡中段，水库总库容 393 亿立方米，其中防洪库容 221.5 亿立方米，兴利库容 165 亿立方米，与防洪共用，具有十分重要的意义和作用。

在一亿多年前，(　　)盆地还是茫茫大海。

A. 四川　B. 东北　C. 西北

答案：A

10 五彩湖为什么有五种颜色

五彩湖位于西藏北部无人居住的山间小平原上。在阳光照耀下，湖水闪现出白、黄、红、绿、蓝五种色彩，传说是天上的五位仙女化作一泓神秘的湖泊永远留在人间。五彩湖中的各种色彩层次分明，各居一方。为什么同一个湖泊里会出现五种不同的颜色呢？

原来，青藏高原本是大海的一部分，随着地壳变动，海底成了陆地。五彩湖所处的地势低洼，因而形成湖泊。当时青藏高原的气候湿热，因而形成

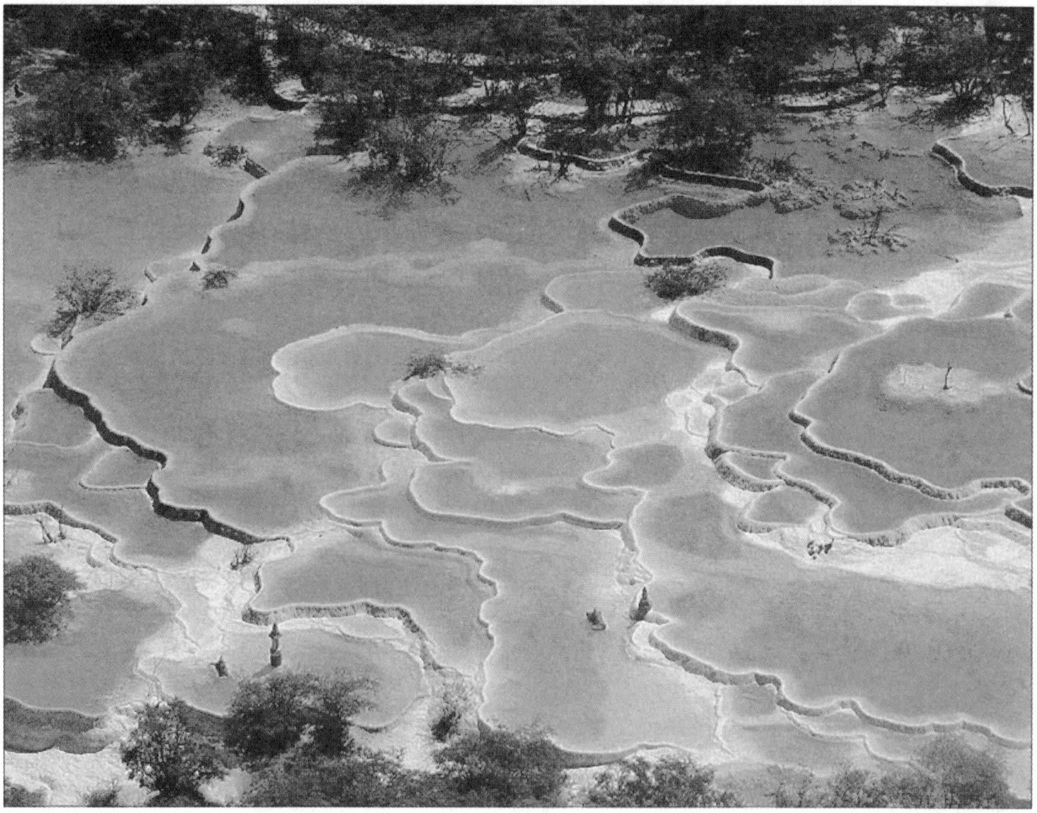

了红色土，较浅的湖水被红土映照成红色。到第四纪冰川来临时，强劲的北风吹来了黄土，它们沉积于红土之上的湖岸，因而湖水在黄土的映照下，形成黄色。以后青藏高原继续抬升，由于长期干旱和湖水的强烈蒸发，在湖岸边又形成了白色的石膏层，湖水在石膏层的映照下显现白色。在湖水较深的地方，由于阳光的散射又形成绿色和蓝色，因而湖中五彩纷呈，十分奇特。

想一想

1. 五彩湖位于（　）。

A. 四川　B. 西藏　C. 甘肃

2. 五彩湖的五种颜色分别是（　）。

A. 白、黄、红、绿、蓝
B. 红、橙、黄、蓝、紫
C. 黑、黄、红、绿、紫

答案：1.B 2.A

小贴士

新生代的第四纪

新生代的第四纪，是地质上的一个时期，大约出现在距今200万年以前。当时的气候非常寒冷，欧洲和美洲的北部都被冰川覆盖，即使在赤道的非洲的许多高山上，也都有规模很大的冰川活动。这一时期是距今最近的一次冰川期，也称为冰河时代。

11 青海湖是怎样形成的

我国最大的内陆咸水湖是青海湖。它是国际重要湿地，作为青藏高原的重要组成部分，一直为人们所瞩目。

在青藏高原由海洋隆起为陆地时，部分海水被四周的高山环绕起来，形成许多湖泊。青海湖就是其中一个巨大的湖泊，湖水从东面注入黄河。大约距今100万年前，青海湖东面的日月山发生了强烈的隆起，拦截了青海湖的出口，使它成了闭塞湖。

青海湖是一个富有神奇色彩的游览地，也是一个为全世界科学家所瞩目的巨大宝湖。政府曾对青海湖进行了多次综合考察，发现青海湖里有丰富的矿产资源。湖中盛产湟鱼，是我国西北地区最大的天然鱼库。四五月间，鱼群游向附近河流产卵，布哈河口密密麻麻的鱼群铺盖水面，使湖水呈现一片黄色，鱼儿游动有声，翻腾跳跃，异常壮观。

想一想

1. 我国最大的内陆咸水湖是（　），它是国际重要湿地。

A. 鄱阳湖　B. 青海湖　C. 西湖

2.（　）由海岸隆起陆地，形成许多湖泊，其中一个巨大的湖泊是青海湖。

A. 四川盆地　B. 青藏高原　C. 华北平原

答案：1.B 2.B

小贴士

青海湖鸟岛

青海湖最吸引人的奇观是驰名中外的鸟岛。它在湖的西北部，面积仅0.8平方千米，每年五六月份是观光鸟儿王国盛况的最好时期。来自我国南方和东南亚等地的多种候鸟，春末成群结队返回故乡，栖息在这个小岛上，可达10万只以上。

12 为什么在大河入海处有三角洲

仔细观察世界地图我们会发现，在世界各大河的入海处，大都有一个三角洲，如埃及尼罗河（世界第二大河）入海处，就有一个巨大的三角洲，面积达 24000 平方千米；我国的长江（世界第三大河）、黄河（世界第五大河）以及珠江入海处，也都有面积很大的三角洲。

这些三角洲是河口地区的冲积平原，是河流入海时所携带的泥沙沉积而成的。世界上每年约有 160 亿立方米的泥沙被河流带入海中。这些混在河水里的泥沙从上游流到下游时，由于河床逐渐扩大，在河流注入大海时，水速减慢，再加上潮水不时涌入，有阻滞河水的作用，于是，泥沙就在河口处越积越多，最后露出水面。这时，河流只能绕过沙堆从两边流过去。由于沙堆的迎水面不断受到流水的侵蚀，往往形成尖端状，而向着海水的一面却比较宽大，使沙堆成为一个三角形，人们就给它们命名为三角洲。

想一想

1. 河口三角洲是（　）而形成的。

A. 河流携带泥沙冲积　B. 从海底升起的

C. 从陆地分离的

2. 世界上每年约有（　）的泥沙会被带入大海。

A.24000 立方米　B.160 亿立方米

C.10 亿立方米

答案：1.A 2.B

小贴士

中国第一大河

长江是我国第一大河，发源于青藏高原唐古拉山脉，流经 10 个省、自治区和直辖市，最终注入东海，全长 6380 千米。浩瀚的长江与古老的黄河一起，共同孕育了我们中华民族的悠久文明。

13 为什么钱塘潮特别壮观

钱塘潮，又叫“海宁潮”，以每年农历八月十八在浙江海宁的钱塘江边所见到的海潮最为壮观。涌潮袭来时，潮头高度可达3.5米，潮差可达8.9米，气势磅礴，十分壮观。

钱塘江海潮的形成和涌潮的壮观景象与杭州湾得天独厚的地理环境有关。杭州湾位于亚洲大陆东部边缘，形如喇叭口，外宽里窄，面向辽阔的太平洋水域，潮水由东向西推赶。每逢潮来，大量海水一涌而进，越往里越拥挤，促使水位很快被抬高，并在滩高水浅的地方激起一堵水墙。这种壮观景象，在中秋时节更加显著。因为这时东南季风盛行，风助潮势，潮借风威，滚滚江水与潮头顶撞，更加激起潮涌。从天文因素来说，每逢初一、十五的时候，受太阳和月球的引力影响，形成大潮，因此有“初一、十五涨大潮”的说法。就这样，众多天文和地理因素相互配合，共同制造了闻名中外的“钱塘怒潮”。

想一想

1. 最壮观的钱塘江海潮发生在农历（　）。

A. 八月初一　B. 八月十五　C. 八月十八

2.（　）不是钱塘江海潮壮观的原因。

A. 杭州湾的形状　B. 月球的引力

C. 季节的变化

答案：1.C 2.C

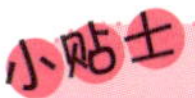

小贴士

季　风

季风是大范围盛行的、风向随季节变化的风系，它的形成是由冬夏季海洋和陆地温度差异所致。季风在夏季由海洋吹向大陆，在冬季由大陆吹向海洋。季风活动范围很广，它影响着地球上1/4的面积和1/2人口的生活。

14 为什么有些泉水是热的

我国的许多地方都有温泉。陕西西安的骊山脚下，有个著名的华清池，泉水中含有多种矿物质，水温达到43℃，很适合沐浴疗养，唐朝时是唐明皇和杨贵妃的沐浴之所。我国雅鲁藏布江的一些河流中有温泉，有时候热水翻滚，会将河中的鱼烫死。

这些泉水之所以是热的，主要是由于来自地壳深处的热量造成的。地壳深处的热量通过火山爆发以及岩浆运动，沿岩层的断裂带向上运动和扩散，而降水、地表水和地下水沿着地层中的裂缝以及断裂带向下渗漏，热量就被传输给水，渗得越深，水温就越高，这样就形成了地下热水，这种地下热水流出地表，就形成了温泉。一些温泉甚至会出现喷泉现象，这是因为有的泉水底部接近热源，由于通道狭小，底部的水温度高而难以发生对流，于是压力增大就将上面的水顶出地面，形成喷泉。

想一想

1. 唐明皇、杨贵妃沐浴的温泉叫（ ）。

A. 虎跑泉　B. 趵突泉　C. 华清池

2. 温泉水的热量是（ ）。

A. 岩浆传导的　B. 太阳晒热的
C. 人们烧热的

答案：1.C 2.A

小贴士

温泉产生的条件

1. 地下必须有热水存在。

2. 必须有上升的热水与下沉的较迟受热的冷水产生的对流，导致热水上涌。

3. 岩石中必须有深长的裂缝或空隙供热水通达地面。

15 冷水泉为什么是冷的

夏日在山间，常见到流淌着的小溪，溪水十分清澈，掬一捧溪水清凉而凛冽，这些山泉就是冷水泉，如杭州的虎跑泉、济南的趵突泉、北京的玉泉等都是有名的冷水泉。

冷水泉的水为什么会这么冷呢？这是二氧化碳作用的结果，就如同夏日喝汽水会觉得凉爽一样。当泉水在地下流动时，由于具有较高的压强，溶解了大量的二氧化碳气体分子。地下水流出地面时，周围压强减小，水中二氧化碳的溶解度变小，促使过量的二氧化碳从水中溢出，从而带走大量热量，于是水温便下降了。

冷水泉不仅可以灌溉、饮用，而且在医疗和工业上也有着极重要的用途。一些冷水泉含有多种对人体有益的矿物质，饮用冷水泉对人体健康十分有利，因此冷水泉是很有价值的地下宝藏。

想一想

1.（ ）是冷水泉。

A. 华清池 B. 趵突泉 C. 漓江温泉

2. 冷水泉变冷的原因是（ ）。

A. 水里溶解的二氧化碳溢出带走热量

B. 地下很冷 C. 冷水泉所处的地域气候冷

答案：1.B 2.A

小贴士

中国的名泉

我国的名泉有很多，曾先后被称为“天下第一泉”的名泉有：江西庐山的谷帘泉、江苏镇江的中冷泉、北京西郊的玉泉、山东济南的趵突泉、四川的峨嵋玉泉等。

16 有些泉水为什么会喷喷停停

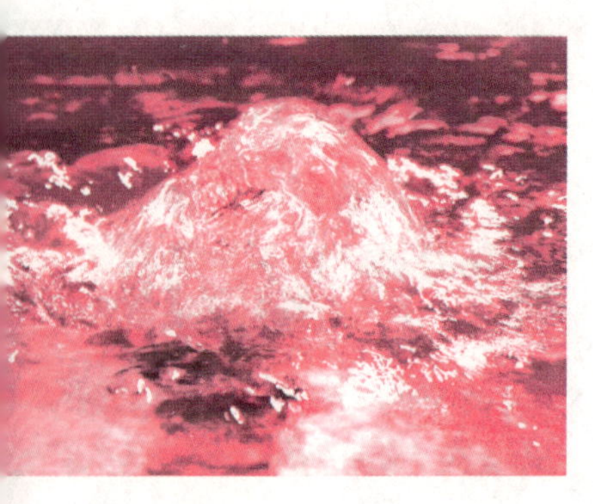

在自然界，有些喷泉可以喷出高达数十米的热水柱和蒸汽柱，而且总是每隔一定的时间喷出一次，所以称为间歇喷泉。每个喷泉隔多长时间喷一次，大体有一定的规律，有的间歇几分钟，也有的长达几天，甚至有的几个月才喷一次。

喷泉的泉水来自地下，蒸汽的压力迫使它从地下喷出。这些喷泉都是热的，它们在地下受岩浆加热，温度逐渐升高。如果涌出地面的通道又长又窄，下面的水不易和上面较凉的水形成对流，温度就会达到100℃以上，形成蒸汽。当地下蒸汽越聚越多，力量越来越大，到了足以使堵塞通道的水喷起来的时候，喷泉就出现了。

那么，有些喷泉为什么一会儿喷，一会儿停呢？这是因为当喷泉一次喷出以后，大量的蒸汽同时逃逸了出来，这时原来聚集在地下的蒸汽一下子减少了许多，于是又重新平静下来，但水依然堵塞了泉水涌出的通道，等到蒸汽又聚集得很多时，就再一次喷出来。这就是有些喷泉为什么一会儿喷，一会儿停的秘密。

想一想

1. 喷泉的泉水都来自（　）。

A. 地下　B. 地上　C. 不清楚

2. 当地下蒸汽越聚越多时，力量越来越（　）。

A. 小　B. 大　C. 不变

答案：1.A 2.B

小贴士

世界著名喷泉

世界上最有名的间歇喷泉在美国的黄石公园。在我国西藏雅鲁藏布江河谷一带，以及冰岛、堪察加半岛、新几内亚北部和新西兰等国家和地区，也都有世界著名的喷泉。

17 为什么有的泉水能治病

有的泉水能够治疗某些疾病，这已经得到了证实。但是，泉水不是药物，怎么会有这么神奇的功效呢？

原来，由于地下含有许多种矿物质，地下水在地下流动时，溶解了它所流经地区的可溶矿物质，而泉水恰恰就是从地下涌出地面的地下水，所以泉水里含有不同的矿物成分。我们把含有大量矿物质的泉水，叫做矿泉。矿泉里不仅含有矿物质，还含有气体。这就是有的泉水可以治疗某些疾病的原因。

我国内蒙古呼伦贝尔盟有一处泉水，它含有较多的二氧化碳和铁质，这就是它能够治好胃病等某些疾病的主要原因。出产石油的地区，矿泉水里含有比较多的硫化氢，这种矿泉水能辅助治疗心脏病和风湿病。

但相比之下，温泉具有更高的医疗效用，因为温泉里不仅含有矿物质，还有热力。人们常用温泉来洗澡，可以治疗皮肤病和风湿病。

想一想

1. 有的泉水能治病的原因是（　）。

A. 含有有益的矿物质　B. 里面有药物
C. 被神仙施了法术

2. 能治疗胃病的泉水里含有（　）。

A. 硫化氢　B. 碳酸氢钙　C. 二氧化碳和铁质

答案：1.A 2.C

小贴士

人体中的矿物质

矿物质是人体内无机物的总称，是地壳中自然存在的化合物或天然元素。人体内约有50种矿物质，它们是人体必需的组成部分，如钙、磷、钾、钠、氯等是需要量较多的元素，铁、锌、铜、锰、钴、钼、硒、碘、铬等是需要量少的微量元素。

19 湖水为什么有的咸、有的淡

在地球陆地上，分布着许多大大小小的湖泊，这些湖泊多为淡水湖，但也有咸水湖。

大多数湖泊的水，都是由河水流入的。在流动的过程中，河水把所经过地区的土壤和岩石里的一些盐分溶解了，当河水流入湖泊时，就把盐分带给了湖泊。如果湖水能从另外的出口继续流出，盐分就会随之流出去，如北美洲的五大湖和我国的洞庭湖，最终都流入了大海，所以它们都是淡水湖。

假如有些湖泊排水非常不便，而且气候干燥，蒸发消耗了很多水分，盐

分便会越积越多，湖水也就越来越咸，成为咸水湖。在荒漠和草原地带，因为降水稀少，蒸发强烈，排水不畅，咸水湖往往分布较多，如世界著名的咸水湖——死海。但也有人认为，在地质时期，咸水湖原是海的一部分，海水退了以后，有一部分海水遗留在低洼地方，成为现在的湖，所以湖水保留了很多盐分。

想一想

1. 地球上的湖泊中，淡水湖和咸水湖比较，（　）。

A. 淡水湖多　B. 咸水湖多　C. 一样多

2.（　）是咸水湖。

A. 西湖　B. 洞庭湖　C. 死海

答案：1.A 2.C

小贴士

中国的淡水湖和咸水湖

我国最大的淡水湖是鄱阳湖，位于江西省北部，长江中游的南岸。它南北长170千米，东西最宽处达70千米，面积为3583平方千米。我国最大的咸水湖为青海湖，位于青藏高原东北部祁连山脚下。湖面海拔3196米，形状近似菱形。

19 沸湖是什么样的湖

沸湖位于加勒比海列斯群岛的多米尼加岛上，藏身于岛南部火山区的山谷中。湖长不过 90 米，但是又陡又深，离岸不远处，湖水已深达 90 米。

沸湖是由一眼间歇泉形成的。在湖底有一个圆形喷孔，在喷泉停歇时期，湖水因缺乏水量补给而干枯。然而一旦喷发，则地动山摇、群山轰鸣，热流从湖底涌出，湖面烟雾缭绕，热气腾腾，有时还会形成高达两三米的水柱，冲天而起，蔚为壮观，“沸湖”因此得名。

沸湖的这些热水是从哪里来的呢？原来，沸湖坐落在一个古火山口上，地球深处的带有大量矿物质和含硫气体的炽热熔岩水，在上升时遇到古火山口通道，就会猛烈地向地表喷出，结果就形成了这个大自然的奇观。

由于沸湖周围地区长期受含硫气体及其他一些有害气体的影响，致使动植物的生长繁殖受阻，大片植被被毁，景色荒凉，所以被称为“荒谷”。

沸湖间歇泉的奇观常常令游人惊叹不已，它和特立尼达岛上的沥青湖被称为加勒比海地区的两大奇迹，吸引着世界各地的科学家和游客前去考察和观赏。

沥青湖

沥青湖是南美洲特立尼达和多巴哥岛国的一个小湖，学名叫“拉布里亚沥青湖”，它的“湖水”是一种黏稠度很高的天然沥青矿，呈暗灰色。沥青湖面积约 40 公顷，深 90 米，蕴藏着 1200 万吨天然沥青。

沸湖是由一眼（　）形成的。

A. 冰川　B. 间歇泉　C. 瀑布

答案：B

20 日月潭的名字是怎么来的

我们经常说日月潭是中国台湾最美的地方，但是，日月潭的名字是怎么来的呢？

日月潭是台湾唯一的天然湖，是台湾岛最著名的风景区。它位于西部的南投县，是台湾省唯一的天然湖泊，卧伏在玉山和阿里山之间的山头上。

日月潭四周青山环抱，美景如画。日月潭本来是两个单独的湖泊，后来因为发电需要，在下游筑坝，水位上升，两湖就连为一体了。远远望去，潭中美丽的小岛像玉盘中托着的一颗珠子，故名珠仔岛，现在叫光华岛。珠仔岛把湖面分为南北两半：东北面的形状好像圆日，故叫日潭；西南面的湖面如同一弯新月，故称月潭。台湾八景之一的“双潭秋月”就由此而来。

日月潭周长 35 千米，面积 7.7 平方千米，水深二三十米。水面比杭州西湖略大，水深却超过西湖十多倍。这里四季气候宜人，冬天平均气温在 15℃以上，夏季 7 月份只有 22℃左右，是避暑胜地。

想一想

1. 日月潭周长（ ）千米，面积 7.7 平方千米，水深二三十米。

A.28 B.26 C.35

2. 日月潭中有座美丽的小岛原名叫（ ）。

A. 珠仔岛 B. 雷州半岛 C. 海南岛

答案：1.C 2.A

小贴士

中国第一大岛

台湾岛是中国第一大岛，自古以来的战略要地。它位于东海南部，西依台湾海峡，东濒太平洋，东北与日本琉球群岛为邻，南隔巴士海峡与菲律宾相望。岛上多山，山地和丘陵占全岛面积的三分之二。

21 罗布泊湖为什么死而复生

位于塔里木盆地东部的罗布泊，是一个典型的内流湖。在地质历史时期，由于受气候变化的影响，它曾几度死而复生。

罗布泊最初形成于上新世，当时气候湿热，雨水充沛。但到了上新世晚期，气候转向干热，罗布泊第一次干枯消失。等到早更新世，气候转为温凉多水，周围山地也继续上升，罗布泊死而复生，面积达到 2 万平方千米。从晚更新世晚期到全新世初期，气候又趋干燥，罗布泊第二次干枯消失。中全新世是一个多水期，罗布泊再度充水成湖。

进入人类历史时期，罗布泊仍有“广袤三百里”之说。在汉代，罗布泊周围水草丰盛，农牧业兴旺发达，楼兰古国位于湖泊的西部。后来，由于气候变化，湖泊逐渐退缩，繁荣昌盛的楼兰古国也因缺水及其他原因成为一片废墟。新中国成立后，由于塔里木河与孔雀河流域的农牧业不断发展，两河几乎都被拦截耗尽。因此，到了 1964 年，罗布泊由于水量不足，第三次彻底干枯了。此时，我们不禁要问，罗布泊湖还能死而复生吗？科学家告诉我们，那要看人类对它的影响了。

想一想

位于塔里木盆地东部的（ ），是一个典型的内流湖。

A. 罗布泊　B. 塔克拉玛干　C. 柴达木

答案：A

小贴士

上新世、更新世、全新世

地质年代上将地球的生命划分为古生代、中生代和新生代。新生代则划分为第三纪和第四纪。上新世是第三纪最新的一个世；更新世是第四纪的第一个世；而全新世是第四纪的第二个世。地质时代的最新阶段，开始于 12000 ~ 10000 年前持续至今。

22 世界上最大的淡水湖群在什么地方

世界上最大的淡水湖群位于北美大陆的美国和加拿大之间，这个湖群包括五个大湖，它们像亲兄弟一般手拉手连在一起，构成五大湖区。

按面积排列：最大的是苏必利尔湖，占了五大湖储水量的一半以上，面积比世界第二大淡水湖维多利亚湖大得多。其次是休伦湖，第三是密歇根湖，第四是伊利湖，最小的是安大略湖。其中除密歇根湖为美国独有外，其他都是美国、加拿大两国共有。

五大湖是世界上最大的淡水湖群，因此人们用“淡水的海洋”、“北美大陆的地中海”来形容它们水量之大。五大湖总面积达 24.2 万平方千米，大

约相当于一个英国。五大湖流域约为766100平方千米，南北延伸近1110千米，从苏必利尔湖西端至安大略湖东端长约1400千米。湖水大致从西向东流，注入大西洋。除密歇根湖和休伦湖水平面相等外，各湖水面高度依次下降。

想一想

1. 世界上最大的淡水湖群位于北美大陆的美国和（　）之间。

A. 墨西哥　B. 智利　C. 加拿大

2. 五大湖总面积达24.2万平方千米，大约相当于一个（　）。

A. 意大利　B. 法国　C. 英国

答案：1.C 2.C

小贴士

中国四大淡水湖

我国第一大淡水湖是江西北部的鄱阳湖，面积3583平方千米；第二大淡水湖是湖南北部的洞庭湖，面积2820平方千米，是全国重要的商品粮基地之一；第三大淡水湖为江苏南部的太湖，面积2425平方千米；第四大淡水湖为安徽中部的巢湖，面积820平方千米。

23 贝加尔湖为什么会有海洋动物

俄罗斯的贝加尔湖并不大，但它却是世界上最深的湖泊。湖中不仅有 2000 多种特有的淡水湖动物，还生活着大量的海豹、鲨鱼、龙虾、海螺等只有在海洋中才能见到的动物。

为什么海洋动物会出现在淡水湖中呢？

科学家们对此进行了不断探索，认为贝加尔湖以前是“北方的海洋”，后来发生地壳运动，周围高山隆起，它却下降，形成了湖泊。后来，周围众多的河流流入湖泊，渐渐地冲淡湖水，使之成为淡水湖，结束了它作为海洋的历史。原来大多数生活在海洋中的生物，在贝加尔湖变迁为淡水湖的过程中绝灭。

但是，有些生存能力特别强的动物，慢慢地适应了淡水环境，成为世界上特有的淡水动物，如贝加尔湖海豹等。也有学者认为，贝加尔湖中的淡水类海洋动物，原先生活在海洋中，以后不安于海洋生活，进入叶尼塞河，并不断地向河流上游运动，最终到达贝加尔湖，逐渐习惯了在淡水中生活，繁衍后代，便形成了在淡水湖中生活的“海洋动物”。

想一想

俄罗斯的贝加尔湖并不大，但它却是世界上最（　）的湖泊。

A. 深　B. 浅　C. 大

答案：A

小贴士

世界最深的淡水湖

贝加尔湖是世界上容量最大、最深的淡水湖，但就面积而言，它只居世界第 9 位。它容纳了地球全部淡水（指河湖的淡水）的五分之一，相当于北美洲五大湖的总水量。湖上风景秀美、景观奇特，湖内物种丰富，是一座集丰富自然资源于一身的宝库。

24 为什么称马尾藻海是“洋中之海”

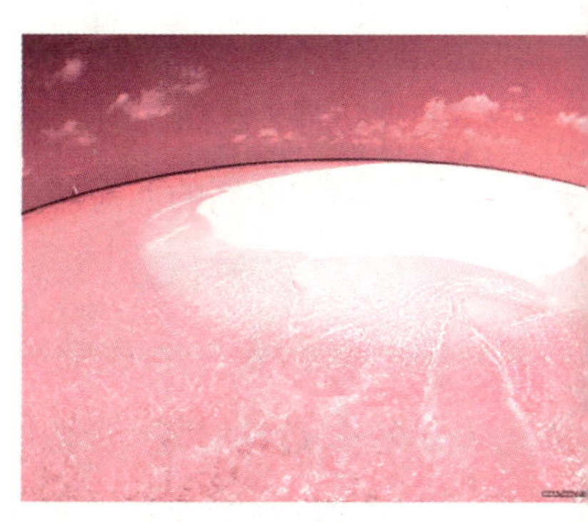

大西洋中部的马尾藻海是一个“洋中之海”，而世界上的海大多是大洋的边缘部分，都与大陆或其他陆地相连。

马尾藻海的西边与北美大陆隔着宽阔的海域，其他三面都是广阔的洋面，所以它是世界上唯一没有海岸的海，因此也没有明确的海区划分界线，“洋中之海”由此而来。

马尾藻海围绕着百慕大群岛，与大陆毫无瓜葛，名虽为“海”，但实际上并不是严格意义上的海，只能说是大西洋中一个特殊的水域。

马尾藻海还是一个终年无风区。在蒸汽机发明以前，船只只能凭风而行。那个时候，如果有船只贸然闯入这片海区，就会因缺乏航行动力而被活活困死。意大利航海家哥伦布率领的一支船队，就曾被马尾藻海整整包围了三个星期，最终得以脱险。

想一想

1. 马尾藻海是一个终年（　）区。

A. 有风　B. 有雨　C. 无风

2. 马尾藻海的西边与（　）隔着宽阔的海域，其他三面都是广阔的洋面。

A. 北美大陆　B. 南美大陆　C. 中国大陆

答案：1.C 2.A

小贴士

神秘的百慕大三角

百慕大三角海域是美国佛罗里达半岛南端与加勒比海的波多黎各岛和百慕大三点连成的一个三角形海域。近百年来，数以百计的飞机、船只在这里离奇地坠毁沉没，被人们称为“神秘死亡地带”。科学家们对此提出了各种假说，但目前还不能确实证明真正的原因。

25　大西洋的东西两岸为什么能拼合起来

我们知道，地球原来是一个整体，后来由于地壳运动，形成了现在的地理格局。既然知道了这些，我们通过仔细观察地图会发现，大西洋的两岸——欧洲和非洲的西海岸与南、北美洲的东海岸，在基本轮廓上大致能拼合起来，形成一个整体。

那么，地壳是怎么运动才会出现这样的情况呢？

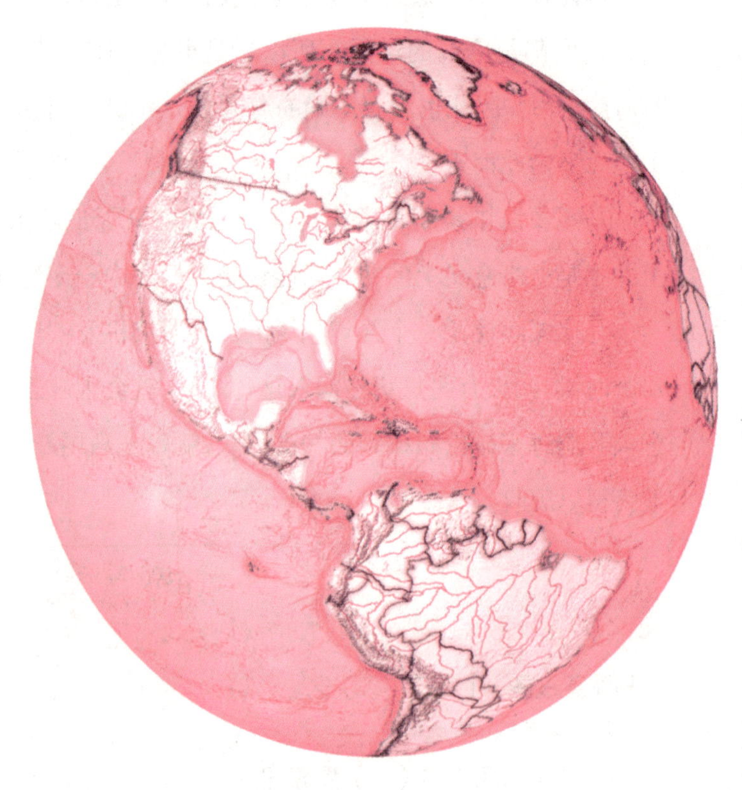

距今约3亿年前，地球上现存的七大洲还是整块大陆，周围被海洋所包围。大约在2亿年前，这块原始大陆慢慢裂成几大块，形成了现在的七大洲、四大洋的基本面貌。因此，大西洋两岸原是合在一起的，所以可以拼合。

在原始大陆破裂的过程中，最先是大洋洲和南极洲地区与亚洲地区分离开来，中间形成了印度洋。美洲向西漂移，离开非洲，中间形成了大西洋。之后，依次是南大西洋裂开，北大西洋扩张，北冰洋裂开，红海和亚丁湾裂开。就这样，形成了现在的七大洲、四大洋的格局。

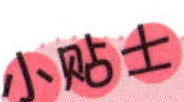

陆地变迁

近代科学家对地壳的移动进行了广泛的研究，提出了很多不同的看法。1912年，德国科学家魏格纳第一次提出了“大陆漂移”的设想。20世纪50年代，科学家们根据对海底的测量，提出了“海底扩张”学说。20世纪70年代，科学家们将上述两者结合为一体，形成了板块构造理论。

距今约（ ）亿年前，地球上现存的七大洲还是整块大陆。

A.5 B.10 C.3

答案：C

26 红海为什么是红色的

红海是位于阿拉伯半岛和非洲大陆之间的狭长海域，古希腊人把它称为“红色的海洋”，这也是“红海”名称的由来。

为什么称它为“红海”呢？最常见的说法是由于红海水温高，适宜生物繁衍，所以表层海水中繁衍着大量红色海藻，从而使海水略显红色。也有说法认为是由于红海靠近海岸的浅海地带有大量的黄红色的珊瑚沙，使得海水变红。还有说法认为，由于红海两岸是一片绵延不绝的红黄色岩壁，这些岩壁将太阳光反射到海面，使海面红光闪烁，红海因此而得名。

红海是世界上水温和盐度最高的海之一，同时它也是连接欧洲、亚洲、非洲三块大陆的重要海上通道，在世界航海史上发挥着重要的作用。

想一想

1. 红海位于（　）。

A. 亚洲大陆和美洲大陆之间
B. 阿拉伯半岛和非洲大陆之间
C. 美洲大陆和欧洲大陆之间

2. 红海的名字是（　）取的。

A. 古阿拉伯人　B. 古希伯来人　C. 古希腊人

答案：1.B 2.C

红海有多大

红海南北长约2100千米，最宽处有306千米，面积约45万平方千米，平均水深558米，最深处达2514米。红海现在仍以每年2~5厘米的速度扩张，5000万年后它很有可能变成地球上又一个大西洋。

27 为什么海上无风也有浪

常言说“无风不起浪”，海洋中的波浪一般是由风力所引起的。但还有一句话叫做“海上无风三尺浪”，说的就是海上没有风也会起浪，这是为什么呢？

我们知道，当海上刮风时，海面会产生风浪。风停了以后，海浪并不会立即消失，由于惯性作用，它还要继续波动，当波动传播到无风的海区后，那个海区也会产生波浪。这种在风停止、减弱或转向以后所遗留下来的波浪，与从远处传来的波浪统称为涌浪，也称为长浪。

这种涌浪在空气阻力和海水内部摩擦作用下，浪尖被磨圆了，小海浪逐渐消失，形成了一些又长又圆、又规则的长浪。

涌浪一般具有巨大的能量，当它传到浅水区域时由于受海底地形影响，就会发生变形。波浪底部因受海底摩擦停滞不前，而波浪顶部却以原来的速度前进，这样就使又长又圆的长浪变得又高又急，最后发生波峰倒卷和波浪破碎的现象。

想一想

1. 在不刮风的时候，海上（ ）波浪。

A. 也有　B. 没有　C. 不一定有

2. 当海上不刮风时，海上的海浪是（ ）。

A. 远处传来的海浪　B. 海底龙王制造的

C. 在海底动物游动时出现的

答案：1.A 2.A

小贴士

空气阻力

妨碍物体运动的作用力叫做阻力，而空气阻力是指空气阻碍物体运动的力。在我们跑步的时候，会感觉迎面有一股风（即气流）在阻碍我们前进，而当我们停下来时，这股风又不见了，它就是空气阻力。

29 黑海里的水为什么呈黑色

黑海是亚欧大陆的一个内海，由于海水相对于地中海水色深，所以被称为黑海。

黑海是一个很大的、缺氧的海洋系统，面积约 42.4 万平方千米，流入黑海的重要河流有多瑙河和第聂伯河。黑海通过伊斯坦布尔海峡与地中海相连。由于海峡很窄，导致黑海海水不能大量及时地同地中海中的海水进行交换。黑海本身很深，从河流和地中海流入的水含盐度比较小，因此比较轻，它们浮在含盐度高的海水上，深水和浅水之间得不到交流。据推测，两层水之间彻底交流一次需要上千年之久。

海水之间交流慢，海底的生物尸体腐化分解时消耗的氧气就得不到补充。在这个严重缺氧的环境中，只有厌氧微生物可以生存，它们通过新陈代谢释放出有毒的硫化氢和二氧化碳，将海底淤泥染得黝黑，黑色的海底将各色阳光吸收，就使海水呈现出一片黑色了。

1. 黑海和地中海之间的海峡叫做（　）。

A. 白令海峡　B. 伊斯坦布尔海峡

C. 马六甲海峡

2.（　）是流入黑海的河流。

A. 尼罗河　B. 莱茵河　C. 多瑙河

答案：1.B 2.C

重要的黑海

黑海的交通位置很重要，是沿岸各国通达地中海的海上运输通道。这里四季气候宜人，沿岸许多城市已成为著名的旅游胜地，如格鲁吉亚等。

29 最咸和最淡的海在哪里

地球上有许多海，海水中含有各种化学物质和矿物，其中食盐的含量最高，所以味道很咸。亚洲阿拉伯半岛和非洲东北之间的红海，是世界上最咸的海。它的盐度最高的地区可达27%，这几乎达到了饱和溶液的浓度。红海的地理位置十分重要，北接苏伊士运河与地中海相通，南经曼德海峡可通亚丁湾。它是连接大西洋、地中海、印度洋的交通要道，是世界上最繁忙的运输航道之一。

世界上最淡的海是欧洲北部的波罗的海，水域盐度最低的地区只有0.2%，平均盐度也不过0.7%～0.8%，从海里舀起来的水几乎尝不到咸味，这是由于有大量河水注入，加上纬度较高、蒸发量小和只有一些浅而窄的海峡与北海相通的缘故。波罗的海介于瑞典、丹麦、德国、波兰、芬兰之间，是大西洋的属海，面积约38.6万平方千米，它对于航运也有很大意义。

想一想

1立方千米的海水中，含有氯化钠（ ）多吨。

A.3000 B.5000 C.6000

答案：A

小贴士

海水中的盐

据计算，1立方千米的海水中，含有氯化钠3000多吨。现在，全世界每年生产海盐1亿吨。如果按这个数字消费，海洋里的盐可用5亿年！

30 “海”与“洋”是一回事吗

陆地和海洋都与人类的生存和发展密切相关。所谓海洋，是指地球上广大而连续的咸水域的总称，总面积约为3.6亿平方千米，远远大于陆地面积，约占地球表面积的71%。

海洋分为海和洋，通常海洋的中心主体部分叫洋，边缘附属部分称海。海与洋之间彼此通连，共同形成统一的海洋整体。

海与洋之间有四个明显的区别：洋的面积大，约占海洋总面积的89%；洋的深度大，平均水深一般在3000米以上；洋有独立的洋流和潮汐系统；洋受陆地影响小，水温、盐度等要素比较稳定，水的透明度大。

海的面积小，只占海洋总面积的11%；海的平均水深一般在2000米以下，有的甚至只有几十米深；海受大洋流向和潮汐的支配；海与陆地接边，受大陆影响大，水的透明度较差。

想一想

1. 海洋的面积（　）陆地的面积。

A. 大于　B. 小于　C. 等于

2. 海和洋（　）一回事。

A. 是　B. 不是　C. 不清楚是否

答案：1.A 2.B

小贴士

潮　汐

任何物体之间都存在相互吸引的力，叫万有引力。物体的质量越大，它的引力就越大。太阳和月亮对地球上的物体也存在着引力，这种引力使得地球上海洋、河流的水位出现定时涨落的现象，这就是潮汐。

31 为什么海上不容易结冰

隆冬季节，“千里冰封，万里雪飘，大河上下，顿失滔滔”。大河都冰封了，那大海呢？其实浩瀚的大海一般不会结冰，冬天照样波涛汹涌。

普通的清水到0℃就会结冰，而含有杂质的水则难以结冰，也就是说，含有杂质的水凝固点低于0℃。海水含盐度很高，大约在34.5‰，这种盐度下，海水的冰点大约在-2℃。但即使达到-2℃，由于表面海水的密度和下层海水的密度不一，造成海水对流强烈，也大大妨碍了海冰的形成。此外，海洋受洋流、波浪、风暴和潮汐的影响很大，在温度不太低的情况下，或者在达到冰点的情况下，冰晶也很难形成。即使冰晶形成了，也不易冻结在一起，甚至冻结在一起的冰晶也易被拆散，这就是海水不容易结冰的原因。

但到温度更低的时候，一部分纯水从海水中凝结出来成为冰，因而海冰是淡水冰。

1. 海水结冰的温度（ ）清水的冰点。
A. 高于 B. 低于 C. 等于

2. 海水不容易结冰是因为（ ）。
A. 海水含盐 B. 海水温度高
C. 海水会流动

答案：1.B 2.A

凝固点

在压力不变的情况下，当温度降低到某一程度时，液体物质开始凝固，这时的温度就叫做物体的凝固点。在一个大气压下，水会在0℃时凝结成冰，0℃就是水的凝固点，也叫冰点。

32 为什么海水是咸的

在海里游泳的人如果不小心喝了口海水，会感到海水又咸又苦，和我们日常生活中所用的自来水、河水味道完全不一样。那么，海水为什么是咸的呢？

这是因为海水里溶解了许多盐类。海水中有3.5%左右的盐，其中大部分是食盐，学名叫氯化钠，还有少量的氯化镁、硫酸钾、碳酸钙等，正是这些盐类使海水变得又苦又涩，难以入口。那么，这些盐类究竟来自何方呢？大多数科学家认为，在地球形成的初期，地球上的水都是淡水。后来由于水流冲刷侵蚀了地表岩石，岩石中的盐分不断地溶于水中。这些水流不断地汇成大河奔腾入海，随着海水不断蒸发，盐分逐渐沉积，天长日久，盐类越积越多，于是海水就变成咸的了。另外，在人洋底部随着海底火山喷发，海底岩浆溢出，也会不断地给海洋增加盐类。

想一想

1. 海水中，盐的来源是（　）。

A. 岩石溶解的　B. 天上掉下来的
C. 人制造的

2. 海水中盐的主要成分是（　）。

A. 氯化钠　B. 氯化镁　C. 碳酸钙

答案：1.A 2.A

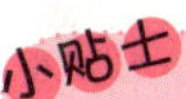

小贴士

自来水

自来水就是我们家里水管中流出的供我们生活使用的水，是人们汲取了江河湖泊及地下水，然后通过自来水处理厂净化、消毒后生产出来的。它是符合国家饮用水标准的洁净的水，不会对我们的身体造成危害。

33 为什么大海是蓝色的

我们看到的大海，一片蔚蓝。但水却是无色的，这是什么原因呢？

人眼看到的海水的颜色，是海水对太阳反射光的颜色。白光射向海水时，由于海水对白光的选择吸收和散射，使海水呈现蓝色。

光通过介质时，光的部分能量被介质吸收而转变成介质的内能，使光的强度随着光穿过的厚度而衰减的现象称为光的吸收。若某种介质在一定波长范围内，对光的吸收程度很小，并且随波长变化不大，这种吸收称为一般吸收；若某种介质对某些波长的光的吸收特别强烈，且随波长变化很大，这种吸收称为选择吸收。太阳光射到海水表面时，由于海水对红、黄色光进行选择吸收，而对蓝、紫色光强烈散射、反射，因而海水看起来呈蓝色。

大部分物体呈现的颜色，都是其表面或体内对可见光进行选择吸收的结果。

1. 海水能对（　）色光进行选择吸收。

A. 蓝、紫　B. 黄、绿　C. 红、黄

2. 海水呈现蓝色是海水（　）太阳光的结果。

A. 选择吸收　B. 反射　C. 折射

答案：1C 2A

光的反射与散射

光的反射是光从一种介质射入另一种介质时，一部分光从分界面返回原介质继续传播。我们拿小镜子对着阳光，光会反射到墙上，这个过程就是光反射的过程。光的散射是由于介质不均匀而使光线离开一定的线路，传向四面八方。我们看到明亮的天空就是大气对阳光的散射作用。

34　人在死海里为什么不会下沉

在亚洲西部有这样一个神奇的湖泊，即使你完全不会游泳，也不用担心会被淹着。因为进入水里你会发现，你不会沉下去，而是漂在水面。这就是死海。

死海的奥秘就在于海水的盐度很高，海水密度很大，人在游泳时因为获得较大的浮力而不会下沉。

死海是东非大裂谷的北部延续部分，是一块夹在两个平行的地质断层崖之间的地壳。死海位于沙漠中，只有北部的约旦河这一条河流补充水源。沙漠中降雨极少且不规则，冬季没有冰冻，夏季又非常炎热，海水的蒸发量远大于河流注入的水量，水中的盐度自然越来越高。再者，由于约旦河流经的地方都是荒漠、砂岩和石灰岩地带，河水中溶解了大量的盐类，最终都沉淀在死海中。

由于死海盐度过高，生物很难在其中生存，因此死海中没有生物，就连湖的周围也不长植物，一片死气沉沉，这也是死海名称的由来。

1. 死海位于（　）。

A. 亚洲　B. 非洲　C. 欧洲

2. 死海里没有生物的原因是（　）。

A. 湖水营养丰富　B. 湖水太热了

C. 湖水太咸了

答案：1.A 2.C

湖泊之最

世界上最咸的湖是位于阿拉伯半岛的死海；世界上最大的咸水湖是位于中亚西部和欧洲东南端的里海；世界上最深的湖是美国和加拿大交界处的贝加尔湖；世界上海拔最高的大湖则是位于南美洲安第斯山脉上的的的喀喀湖。

35 为什么海洋中有岛屿

在浩瀚无际的海洋中，散布着大大小小 5 万多个岛屿，如无数珍珠镶嵌在蔚蓝的海面上。那么，这些岛屿是怎样形成的呢？

岛屿按其成因，分为大陆岛、火山岛、珊瑚岛三大类。

大陆岛本来是大陆的一部分，由于地壳发生运动，它们和大陆之间出现了断裂沉陷地带，因而变成了和大陆隔海相望的岛屿，如我国的台湾岛、海南岛，非洲的马达加斯加岛等，就是这样形成的。

还有许多岛屿，原来不是陆地，它们是海底火山喷出的熔岩和碎屑物质在海底堆积形成的，如太平洋中的夏威夷群岛就是一群火山露出于海面形成的，这些岛屿被称为火山岛。

生活在温暖海水里的珊瑚虫也是岛屿的积极建设者。珊瑚虫能不断分泌出一种石灰质物质，数以亿计的珊瑚虫分泌出的石灰质连同它们的遗骸，形成了珊瑚岛，如我国南海诸岛中的大部分岛屿就属于珊瑚岛。

想一想

1. 岛屿按照成因可以分为（　）。

A. 一类　B. 三类　C. 五类

2. 我国的台湾岛属于（　）。

A. 大陆岛　B. 火山岛　C. 珊瑚岛

答案：1.B 2.A

小贴士

宝岛台湾

台湾岛位于祖国的东南，气候宜人，物产丰富，是我国富饶的宝岛。台湾的山地森林资源丰富，树种很多，是亚洲有名的天然植物园。台湾的地下矿藏也多种多样，金、铜、煤、石油等各种资源分布广泛。

36 为什么海洋中也有“飞碟”

如果告诉你，海洋中也有“飞碟”，你一定感到奇怪。海洋中的“飞碟”的确存在，而且很多，已发现的就有300多个。

海中飞碟与空中飞碟不一样，它是由一种特殊的水组成的。这种水的温度、密度、含盐量及所含的化学物质与周围的海水不同，因而呈现出一个边缘分明的“独立体”，并且随着海流和旋涡，一边前进，一边高速旋转。另外，海中飞碟要比空中飞碟大得多，大西洋发现的一枚“飞碟”直径达80千米，它在飞速旋转时，“吞进”了难以计数的鱼虾。海中飞碟大多诞生于大江、大河、大湖的入海处，当这些淡水和海水相遇时，由于比重和性质不同，互不相融，于是在肉眼看不到的海洋深处，就形成了快速旋转着的“飞碟”。据说这种海中“飞碟”可以长达10年不解体，不知疲倦地转个不停。

想一想

海洋中的“飞碟”的确存在，而且很多，已发现的就有（　）多个。

A.500　B.600　C.300

答案：C

小贴士

海水不会干

地球上70%左右的面积都覆盖着蓝蓝的海水，它们奔涌咆哮，不会枯竭。尽管太阳照晒，大量海水会变成水蒸气上升到空中，可蒸发的海水大部分又凝结成了雨珠降落在海里，落在陆地上的雨水最终会流进溪河，归于大海。周而复始，大海里的水就永远不会枯竭。

37 海底和海面一样平坦吗

一阵风浪从海平面袭过，海面又恢复了平静。海面像铺了地毯一样十分平坦，有人就会问了，海底和海面一样平坦吗？

其实，海底和海面是非常不一样的。海底就像陆地上一样，有高山，有盆地，有火山，还有很多陆地上见不到的特殊景观。

大约30亿年前，地球逐渐冷却下来，形成了一层地壳。开始时地壳十分脆弱，火山喷发时产生大量的气体，原始大气中水蒸气越积越多，形成厚厚的云层。当地球冷却到了雨水还没有降落到地面就化作水蒸气的程度，云层里的水蒸气开始凝结成雨点落下来。

雨水落下又化作水蒸气，水蒸气在天空凝结后又落下来，反反复复，经过了漫长的时间，地面低洼处的水渐渐连成一片，渺渺茫茫，就形成了我们今天看到的海洋。

小贴士

海陆交界处

海岸是连接海洋边缘的陆地。由于波浪和风力的侵蚀，海岸的形状总是不断地发生着变化。岸边的一些岩石经过磨损就形成了海角。海滩在海岸平坦的低地处形成。经过海浪的冲刷，巨石和悬崖都被磨成了小石头和鹅卵石，最后它们变成了沙子，散布于海滩上。

想一想

大约( )亿年前，地球逐渐冷却下来，形成了一层地壳。

A.60 B.70 C.30

答案：C

39 海底扩张是怎么回事

到了 20 世纪 50 年代，地理学家们才能用先进的技术测绘出海底世界。测绘结果显示：海底有座相当高耸的海洋“山脊”，形成了一道水下“山脉”，绵延约83683.6千米，穿过世界上所有的海洋。海洋底部的“山脊”也叫断裂谷，岩浆不断地从断裂谷里冒出，岩浆冷却后，在大洋底部形成了一条条蜿蜒起伏的新生海底山脉，这个过程就叫海底扩张，而这些新生的海底山脉则称为海岭。由于断裂谷里添了新岩石，断裂谷两边的岩石就逐渐远离了洋脊中央。所以，距离“山脉”越远的岩石就越古老。

当海岭和新的海底平原形成后，断裂谷的岩浆还会继续冒出，它们起着“传送带”的作用，把一条条新海岭从地壳岩层中推送出来，同时又把它们慢慢地从地壳岩层中推落下去，重新熔化到地幔中去，达到新生和消长的平衡。

大洋底部的地壳面貌大约经过两三亿年的变迁，才会发生一次更新式的巨大变化。海底扩张学说是大陆漂移学说的新形式，也是板块构造学说的重要理论支柱。

20 世纪（　）年代，地理学家们才用先进的技术测绘出海底世界。

A.80　B.30　C.50

答案：C

“海底扩张”假说

20 世纪 60 年代，两位英国海洋地质学家 H.H. 赫斯和 R.S. 迪茨提出了“海底扩张”的假说。据测定，在太平洋洋底，海岭两侧的地壳向外扩张的速度是每年 5~7 厘米，在大西洋是每年 1~2 厘米。

39 为什么小小的珊瑚能形成岛屿

珊瑚是海洋里的小动物，但它和其他的海洋动物不一样，不能游来游去，一出生就“定居”在岛屿的周围或礁石上。珊瑚喜欢群体生活，大家紧紧地聚集在一起，老的珊瑚虫死了，新一代珊瑚虫在它的遗骸上继续生长。这样，它们世世代代地累积，死去的珊瑚骨骼慢慢地和石质化的骨骸黏结在一起，体积越来越大，天长日久，就形成了岛屿。

珊瑚虫很娇气，既怕冷，又怕黑，而且它周围的海水含盐量也要适宜才能生长。我国南海的环境非常适合珊瑚虫生长，所以那里有许多美丽的珊瑚岛。西沙群岛大多是这样的岛屿。珊瑚岛的形状很别致，有的像环，叫环礁；有的像城堡，叫堡礁；还有的在岸边向海里生长，叫岸礁。

在海底世界，珊瑚礁享有“海洋中的热带雨林”等美誉，被认为是地球上最古老也是最珍贵的生态系统之一。珊瑚在长达 2.5 亿年的演变过程中保持着顽强的生命力，但是近数十年，由于人类对海洋资源的过度开发、污染，全球气候变暖，使珊瑚礁面临着前所未有的生存危机。

想一想

珊瑚虫很娇气，既怕冷，又怕（　）。

A. 热　B. 黑　C. 毒

答案：B

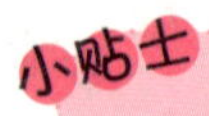

小贴士

珊瑚岛国

马尔代夫是印度洋上的群岛国家，由 26 组自然环礁、1190 个珊瑚岛组成，被称为珊瑚岛国。马尔代夫位于赤道附近，具有明显的热带气候特征，无四季之分，是著名的旅游胜地。旅游业、船运业和渔业是马尔代夫经济的三大支柱产业。

40 为什么海会发光

海会发光，你见过吗？美国科学家近期对卫星照片分析后发现，曾经在海员口中世代流传并在凡尔纳科幻小说《海底两万里》中提到的“会发光的海”确实存在。

自 17 世纪以来，这种罕见的自然景象被目击者描述为“没有月亮的夜空下的冰原”。科学家研究发现，这种发光的海水会向四周扩散，光亮持续数小时或数天，其中的发光体是在海里生活的大量会发光的细菌和其他动物。由于发光持续时间通常较短，以往科学家的探究往往难以深入。

从 1915 年至今，记录在案的报告中发现“荧光海”的次数为 235 次，大多集中在印度洋西北部和印度尼西亚爪哇岛附近。在非洲索马里、南欧葡萄牙和中美洲波多黎各的沿岸海域也有过类似发现。

小贴士

凡尔纳的科幻小说《海底两万里》

凡尔纳是 19 世纪法国著名的科幻小说家，他的名作《海底两万里》讲述了生物学家阿龙纳斯教授搭乘潜艇在海底航行两万里的探险故事。其中包含了丰富的科学知识，从地球到宇宙空间，从地质、地理到航海、航天，为人们展现了一个富含科学色彩的奇幻世界。

想一想

1. 海会发光的原因是（　）。

A. 月光的照射　B. 海底龙宫的灯光

C. 大量细菌会发光

2. “荧光海”的现象主要在（　）。

A. 印度洋西北部　B. 太平洋沿岸

C. 大西洋沿岸

答案：1C 2A

41 人类起源于大海吗

地球已经存在了近46亿年。在地球形成的初期，熔融的地球热量使水化为蒸汽，变成包围地球、宇宙射线不易穿透的云层。随着地球的逐渐冷却，云中的蒸汽变成水开始降雨。大雨连续下了几千年，于是诞生了生命的起源——海洋。

大约在30亿年以前，大雨停止了。地球原始大气中的水、二氧化碳、氢气、氨气等气体在宇宙射线、闪电、高温等作用下生成了一些有机化合物。这些小分子在适当的条件下聚集成大分子，又经过长期的、复杂的变化，最终形成了能和外界交换能量的原始生命。随着生命的不断演变、进化，海洋

生物有了越来越复杂的结构。随着地质的变迁，海洋生物中的一部分开始转移到陆地上，又经过漫长的进化发展，原始人类开始出现，并不断进化为现在的人类。所以说，人类的生命是源于海洋的。

想一想

1. 人是（　）。

A. 海洋里进化来的　B. 女娲造出来的　C. 上帝造出来的

2. 地球有近（　）的历史。

A.30 亿年　B.46 亿年　C.50 亿年

答案：1.A 2.B

小贴士

有机化合物

有机化合物也称有机物，通常指含碳元素的化合物，其中很多能为生命体提供营养，支持生命活动，甚至构成生命体本身。在地球形成以后，有机物是对生命起源起着重要作用的物质。

42 为什么地球上经常闹水荒

我们知道，地球被称为“水球”，可是，为什么地球上还经常闹水荒呢？

地球上水的储量约为1386×10亿立方米，这是一个多么庞大的数字啊！可是，这些水94%都分布在海洋中，不能被人们直接利用。根据联合国1997年的统计，全世界的淡水储量只有3.5亿立方米。

虽然淡水资源有限，但人均还是比较多的。可是，为什么有的地方还会闹水荒呢？其实，淡水资源在世界上分布很不均衡。多水的地区，比如东亚、南亚，大量的淡水随着地表白白流入大海。而在干旱的地区，比如南非、苏丹、肯尼亚等地区，到处是荒漠，严重缺乏淡水资源。

我国水资源的分布也很不均衡，内蒙古及大西北是十分干旱的地区，那里到处是沙漠和戈壁滩，水资源相当缺乏，而在南方的大部分地区则水量充足。因此，我国实施了南水北调工程，期望能以此解决北方缺水的问题。

小贴士

珍贵的淡水

海水在阳光下蒸发形成云，被吹到陆地上空，水分凝结后降落到大地上，形成江河、湖泊等生命所需的淡水资源。陆地上的淡水也会因日晒而蒸发，或从江河回归大海，因此地球上的可供使用的淡水资源非常紧缺。尽管极地冰川所含淡水最多，但目前人类还无法利用它们。

1. 地球上水的储量是（　）亿立方米。

A.150　B.1386×10　C.200

2. 南非、苏丹、肯尼亚等地区，到处都是（　）。

A. 草原 B. 荒漠 C. 盆地

答案：1.B2.B

地球百科

启迪青少年智慧的地球百科

四　岛的奥秘

1 为什么台湾被誉为祖国的宝岛

台湾岛是我国富饶的宝岛。台湾山地森林资源丰富，树种很多，是亚洲有名的天然植物园，其中以樟树最为著名，樟脑产量居世界首位。台湾享有热带和亚热带“水果之乡”的美名，四季鲜果不断。台湾岛不愧为“祖国的宝岛”。

台湾岛形似纺锤，是我国最大的岛屿。它是一个年轻的海岛，山地约占全岛面积的2/3，山势巍峨，群峰挺秀。台湾山脉中的中央山脉纵贯全岛，像个“屋脊”。台湾岛山势陡峻，河流湍急，水力资源蕴藏量大。岛上最长的河流是浊水溪。

台湾的地下矿藏多种多样，中央山脉是金、铜等金属矿的主要产地。西部是煤、石油等的分布区。台湾周围的浅海还蕴藏着石油和天然气资源。广阔的浅海中多水产资源，西海岸又是重要的海盐产区。

想一想

台湾岛形似（ ），是我国最大的岛屿。

A. 纺锤　B. 苹果　C. 金鸡

答案：A

小贴士

世界第一大岛

格陵兰岛位于北美洲东北部，北冰洋与大西洋之间，4/5的面积在北极圈内，是地球上最大的岛，它的北端是地球陆地距北极最近的地方。全岛大约有5/6的土地被冰层覆盖，是世界上仅次于南极洲的第二大冰库。

2 为什么印度尼西亚被称为“千岛之国”

印度尼西亚是东南亚的一个岛国，位于亚洲东南部，地跨赤道，由太平洋和印度洋之间 17508 个大小岛屿组成，陆地面积为 1904443 平方千米，其中约 6000 个岛屿有人居住。星罗棋布的大小岛屿，为印度尼西亚赢得了“千岛之国”的称号。

印度尼西亚的领海面积约是陆地面积的 4 倍；北部的加里曼丹岛与马来西亚接壤，新几内亚岛与巴布亚新几内亚相连；东北部面临菲律宾，东南部是印度洋，西南与澳大利亚相望；海岸线长 3.5 万千米；热带雨林气候，年平均温度 25 ～ 27℃。

印度尼西亚的海岛中有几个是特别有名的。伊里安岛面积 78.5 万平方千米，是世界上仅次于格陵兰岛的大岛，岛的西部属于印尼；加里曼丹岛，面积约 73.4 万平方千米，为世界第三大岛，它有 2/3 的面积属于印尼；还有排名世界第六的苏门答腊岛，岛上的全部领土都属印尼。除此之外，面积超过 10000 平方千米的岛有 9 个，面积超过 1000 平方千米的岛有 15 个。

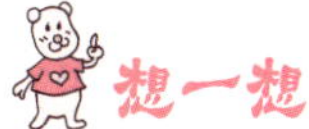

想一想

印度尼西亚由太平洋和印度洋之间（ ）个大小岛屿组成。

A.6000　B.17508　C.35000

答案：B

小贴士

世界上的海岛

全世界的海岛有 20 多万个，大的可容纳几个中等国家，小的却比一个足球场还小。海岛总面积达 996.35 万平方千米，占地球陆地面积的 6.6%。

3 为什么说海南岛原来是和大陆连在一起的

海南岛，位于我国雷州半岛的南部。从平面上看，海南岛就像一只雪梨，横卧在碧波万顷的南海之上。

海南岛北隔琼州海峡，与雷州半岛相望。琼州海峡宽约 20 千米，是海南岛和大陆间的海上“走廊”，又是北部湾和南海之间的海运通道。由于邻近大陆，加之岛内山势磅礴，五指参天，所以每当天气晴朗、万里无云之时，站在雷州半岛的南部海岸遥望，海南岛便隐约可见。

地质专家们发现，海南岛北部有一大片由玄武岩构成的平坦高地，而与它隔岸相对的雷州半岛的南部也有。由此可见，原来它们是连在一起的，是

由火山活动流出的大量玄武岩流覆盖地面而形成的。后因地壳沉降，琼州海峡一带断裂陷落，海水侵入，海南岛才与大陆相隔成岛。

岛屿按成因可分为大陆岛、火山岛、珊瑚岛和冲击岛四大类，其中大陆岛是一种由大陆向海洋延伸而露出水面的岛屿。我国的台湾岛、海南岛都是大陆岛。

中国第二大岛

海南岛是中国第二大岛，面积3.36万平方千米，是海南省的陆域主体。海南岛地势中央高、四周低，呈环状结构，以五指山为中心，四周依次降为山地、丘陵、台地和滨海平原。水系多呈放射状分布，光能充足，雨量充沛，具有热带季风气候特点。

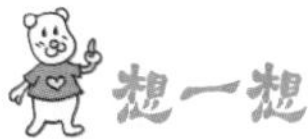

想一想

(　　)按成因可分为大陆岛、火山岛、珊瑚岛和冲击岛四大类。

A. 岛屿　B. 陆地　C. 高原

答案：A

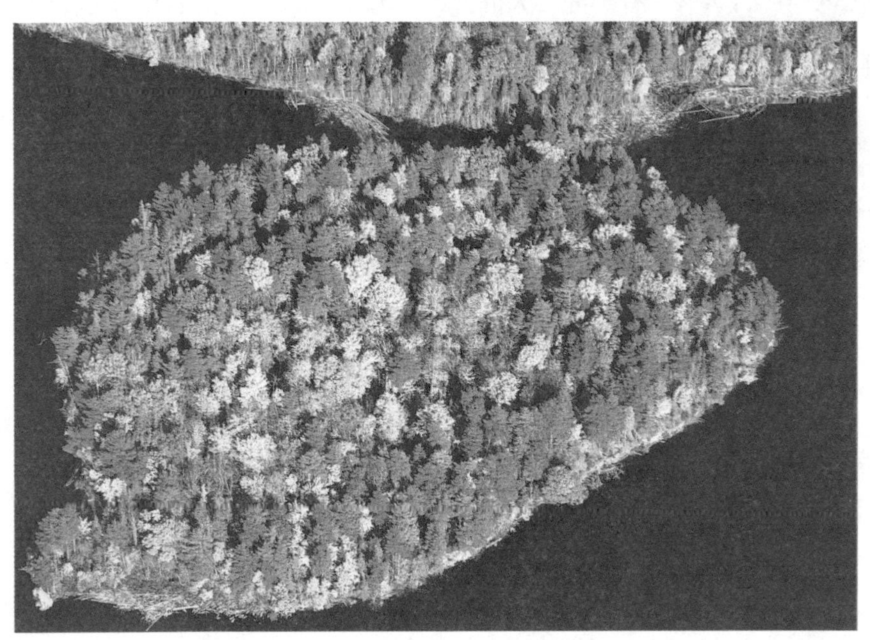

4 海南岛为什么被称为“椰岛”

海南岛属热带季风气候。在整个海南，处处可见高大挺拔、四季结果的椰树。它们在不同的时刻、不同的地点，呈现出不同的韵味。椰树独钟情于海南，是海南四大热带作物（椰子、橡胶、胡椒、腰果）之一。我国其他热带地区也有椰树，但很少结果。海南的椰子产量占全国总量的99%以上，而且只有海南椰树果实累累，并且果汁果肉特别清甜。

椰树浑身是宝。椰子可以加工成多种多样的食品和饮品，成为海南走向世界的拳头产品。椰子汁、肉、根、壳均可入药，椰油可制成高级化妆品。海南的椰雕工艺源远流长，精湛奇巧，在古代被用做面天贡品。

海南岛上风景绮丽，名胜古迹很多，有五公祠、海瑞墓、琼台书院、抗倭鼓楼等。在海南岛南端的三亚市，有一处“天涯”、“海角”的题刻更是人们向往的地方。海南有美丽的热带风光，广阔的海滨，浓郁的民族村寨风情，奇特的火山、海滩、怪石、温泉和茂密的热带森林，旅游资源丰富，是极好的避寒胜地。

小贴士

中国的长寿岛

海南还是一座长寿岛。全国第三次、第四次人口普查结果表明：海南人均寿命居全国之冠。1996年，海南人口的平均预期寿命是73.13岁，高于全国人口平均寿命3.13岁。专家们认为，海南人长寿的奥秘在于海南岛有一个美丽纯净的生态环境。

想一想

海南的椰子产量占全国总量的（ ）%以上。

A.99 B.80 C.60

答案：A

5 为什么冰岛不冷

冰岛是欧洲最西部的国家，位于北大西洋中部，为欧洲第二大岛，它的英文名称为 Iceland，意为“冰冻的陆地”。而实际上，这块游离于北欧大陆之外的岛国，却是绿草茵茵、地热丰富、渔业发达的富饶国家。冰岛的地理位置在北纬 60 度以上，靠近北极圈，我国东北地区在北纬 45 度以上，按道理说，纬度越高的地区应该越冷，可是冰岛却比我国东北还要暖和。

原来大西洋的暖流吸收了较多的太阳能后，从赤道出发，把水温达 24℃的海水送到冰岛，然后释放出大量的热，使这里的气温升高。有人计算，大西洋暖流每年给冰岛每 1000 米海岸提供的热量，相当于 6000 吨煤产生的热量。

科学家指出：海洋是气候的调节器，它能把赤道的一些热量带给高纬度地区，又能把高纬度地区的一部分寒冷带给赤道，引起地球气温的重新分布，使得赤道地区和两极地区的气温差异不至于太悬殊。

想一想

大西洋暖流每年给冰岛每 1000 米海岸提供的热量，相当于（ ）吨煤产生的热量。

A.5000 B.4000 C.6000

答案：C

小贴士

冰火之国

冰岛全境 3/4 是海拔 400~800 米的高原，其中 1/8 被冰川覆盖，有 100 多座火山，其中活火山 20 多座。几乎整个冰岛都建立在火山岩石上，大部分土地不能开垦，是世界上温泉最多的国家，所以被称为“冰火之国”。

6 “雷州半岛”的名称是怎么来的

雷州半岛隔琼州海峡，对面是海南岛，是我国大陆的最南端，中国三大半岛之一。雷州半岛名称的由来跟这一带的天气关系密切。在这一带，雷暴天气很常见，即使在秋季，也能常常听到连绵不断的雷声，于是人们给它起了一个形象而又贴切的名字——雷州。雷暴是由发展旺盛的积雨云引起闪电雷鸣现象的局地风暴。雷电一般出现在炎热夏天的午后。一个地方夏季越长，雷暴天气就越多。

雷州半岛三面环海，岸线长约 1180 千米，连海岛岸线总长达 1450 千米。这里属于热带季风气候，年均温在 23℃以上，最冷月均温超过 15℃，极端最低温一般大于 4℃，全年无霜。天然植被为热带季雨林，以热带性常绿树种为主。但天然森林多已无存，小片次生林仅见于村边和南部台地。林地多为人工栽种的桉树林，滨海有红树林和沙荒草地。

想一想

雷州半岛隔琼州海峡，对面是（　），是我国大陆的最南端。

A. 海南岛　B. 台湾岛　C. 冰岛

答案：A

小贴士

中国三大半岛

山东半岛，也称胶东半岛，是中国第一大半岛，位于中国山东省东部，伸入渤海、黄海间。辽东半岛位于辽宁省南部，是中国第二大半岛。它的北面边界是鸭绿江口与辽河口的连线，其他三面临海。中国第三大半岛就是雷州半岛。

7 格陵兰真的是绿色的陆地吗

格陵兰岛位于北美洲东北部，在北冰洋与大西洋之间，是世界上最大的岛屿。格陵兰是音译，意译是“绿色陆地”的意思。格陵兰岛84%的陆地被厚厚的冰层覆盖，冰层平均厚度约为1.4千米。冰的总体积约有260万立方千米，仅次于南极洲的现代大陆冰川。由此可以看出，格陵兰岛完全与名字不相符合。

格陵兰岛大部分位于北极圈内，一年中差不多有5个月极昼，5个月极夜，极夜时可见到奇异的极光。岛上有5万多人口，绝大部分是因纽特人和北欧人的混血人种，90%的人口居住在较温暖的西南沿岸和南岸地区。首府戈特霍布是西南岸的一个港口，受暖流影响，终年不冻。

在全球海洋里千千万万的岛屿中，面积达217万平方千米的格陵兰岛排名第一，以面积大小而论，它比排名第二的新几内亚岛、排名第三的加里曼丹岛、排名第四的马达加斯加岛的面积总和还要多54559平方千米。因此，格陵兰岛是当之无愧的大岛。

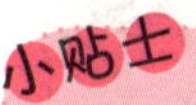

因纽特人

因纽特人也被称为爱斯基摩人，是“吃生肉的人”的意思。他们主要居住在阿拉斯加、加拿大北部和格陵兰岛等寒冷地区。他们和印第安人一样，只是晚一些从白令海峡来到美洲。他们在海岸边安家落户，主要靠猎捕海豹、海象、鲸类、鸭子、驯鹿、白熊等为生。

格陵兰岛（ ）的陆地被厚厚的冰层覆盖。

A.74% B.64% C.84%

答案：C

地球百科

启迪青少年智慧的地球百科

五　沙漠的奥秘

沙漠是怎样形成的

说起沙漠，在大家印象中肯定是一望无际，满是黄沙，荒凉而寂寞。在我国广袤的土地上，沙漠就占了国土总面积的13%。而世界上最大的沙漠——非洲的撒哈拉大沙漠，足足有中国的陆地面积那么大。那么，地球上这么多的沙漠究竟是怎么形成的呢？

就自然条件来说，干燥的气候是形成大范围沙漠的重要条件。在干燥地区，除了岩石风化成碎屑物外，还有干枯的河流携带的大量泥沙、石子，在地面缺乏植物覆盖的情况下，一旦狂风刮起，地面上的大量泥沙将被卷扬飞

起，这些沙尘在风力减弱或遇到障碍物时，便大片堆积下来成为沙漠。于是，在干燥地区或地形比较低洼的盆地内很容易形成大面积沙漠。

同时，由于人类滥伐森林、过度放牧和盲目开垦土地，这些行为都加快了沙漠化的进程。世界上每年因沙漠化而丧失大量耕地，土地的日益沙化已成为人类共同面临的严酷现象。

想一想

1. 世界上最大的沙漠是（　）。

A. 塔克拉玛干沙漠　B. 撒哈拉沙漠
C. 腾格里沙漠

2. 人类的（　）行为不会造成土地的沙化。

A. 滥伐森林　B. 适度放牧　C. 盲目开垦荒地

答案：1.B 2.B

小贴士

中国最大的沙漠

塔克拉玛干沙漠位于新疆维吾尔自治区南部、塔里木盆地中部，又称塔里木沙漠，是中国最大的沙漠。“塔克拉玛干”的维语意为“进去出不来”。它东西长约1000千米，南北宽约400千米，流动沙丘占85%，是世界上面积占第二位的流动性沙漠。

2　哪里是黄土的故乡

黄土是颗粒均匀、粉砂质地的黄色尘土物，大部分呈灰黄色、棕黄色或棕红色。黄土高原是中国黄土分布最集中的地区，黄土厚度一般为 20 ～ 30 米，最厚处可达 180 ～ 200 米。

一般泥土是地下岩石风化而成，但黄土高原上的黄土与地下岩石并不相干，只能是从远处搬来的，那么哪里才是黄土的故乡呢？

主流观点“风成说”认为，黄土的故乡在新疆、宁夏北部、内蒙古以及中亚的大片地带。由于中国西北一带是干旱荒漠，冬季盛行西北风，强劲的西北风每年会将大量粉砂吹到秦岭以北地区。黄土高原上部的黄土厚度相近，有由西向东逐渐变薄的态势，正好同黄土来自西部的方向一致。黄土底部的草原动植物化石也印证了黄土是从西北荒漠吹过来的观点。

也有观点认为，黄土高原是特大洪水带来的大量泥沙沉积形成的，也就是“水成说”。相信随着人们的不断探索，一定会有更科学的解释。

想一想

1. 黄土高原上的黄土最厚可达（　）。

A.30 米　B.180 米　C.200 米

2. 关于黄土高原上黄土的来源，主流观点是（　）。

A. 风成说　B. 冲积说　C. 流水说

答案：1.C 2.A

小贴士

黄土高原

黄土高原位于内蒙古高原以南，北起长城，南达秦岭，东至太行山，西抵祁连山，横跨青海、甘肃、陕西、山西、河南等省，海拔 1000~2000 米。在这块面积近 60 万平方千米的高原上，有 70% 的地面被黄土覆盖，是世界上最大的黄土覆盖地。

3 沙漠能变成绿洲吗

在一望无边的大沙漠中也有植物和动物生存，有的地方还有人居住，这样的地方就是绿洲。绿洲给了沙漠生命。

但土地的日益沙漠化一直在威胁着人类的生存。据估计，地球上的沙漠及受沙漠化威胁的土地总面积达到4500万平方千米，约占地球陆地面积的30%，可见，治理沙漠已迫在眉睫。

治理沙漠以及防治沙漠化的主要措施是植树种草，培植防护林。植树种草可以起到固沙的作用。我国的沙荒地区，有一部分沙丘已经长了草皮和灌木，不再转移阵地了。防护林的主要作用是减小风的力量，风遇到防护林，速度就会减小70%～80%。大量的防护林带不仅可以减小风速，还能阻止沙粒的前进。治理沙漠还要有足够的水源，我国西北一些地区不仅有足够的雨量，地面径流和地下潜水也是很大的，还有高山上的大量积雪。只要能充分利用这些水源，进行综合治理，我们就能在沙漠中开辟出绿洲来。

想一想

1. 治理沙漠最有效的方式是（　）。

A. 培植防护林　B. 退耕还林　C. 修渠挖道

2. 经过科学的治理，沙漠（　）变成绿洲。

A. 能　B. 不能　C. 不确定

答案：1.A 2.A

小贴士

绿洲形成的五大条件

第一，能存在于干旱的气候条件下；第二，有形成绿洲的最根本条件——水；第三，有合适的地理条件；第四，有合适的土壤条件；第五，有合适的光热资源。

4 为什么沙漠中有些岩石像蘑菇

一般的岩石，通常都是上面小，下面大。但在沙漠中，能看到一些长得像蘑菇一样的岩石，因此这种岩石被称为风蚀蘑菇，又叫石蘑菇。为什么这些岩石会长成蘑菇状呢？

原来，风蚀蘑菇是由孤立突起的岩石，尤其是不太坚实的岩石，受到长期风蚀作用形成的。沙漠中风沙很大，而且风沙的侵蚀作用很强，孤立突起的岩石下部受到风沙的侵蚀比上部更为厉害，下部变得愈来愈小，最后变成上大下小的蘑菇状。特别是当下部的岩石较上部软、易于风化变得疏松时，

更有利于风蚀蘑菇的形成。

风蚀蘑菇在吐鲁番盆地西北部的石质丘陵地区、准噶尔盆地西北部的乌尔禾、塔克拉玛干沙漠西部麻扎塔格等地都可见到。风蚀蘑菇一般多是在基岩地区发育的风蚀城堡等地貌的一种附生形态。

雅丹地貌

在中国内陆的荒漠里，有一种奇特的地理景观，它是一列列断断续续延伸的长条形土墩与凹地沟槽间隔分布的地貌组合，被称为雅丹地貌。雅丹在世界上许多干旱区都能找到，它有两个形成原因：一是发育这种地貌的地质基础；二是荒漠中强大的定向风或流水的侵蚀。

1. 石蘑菇长在（　）。

A. 草原　B. 沙漠　C. 森林

2. 我国的风蚀蘑菇主要在（　）。

A. 塔克拉玛干沙漠　B. 东北长白山

C. 四川盆地

答案：1.B 2.A

5 为什么沙漠有各种颜色

我们所见的沙漠大多数是黄色的，但其实沙漠还有其他各种颜色，例如澳大利亚有一片沙漠是红色的，美国的新墨西哥沙漠是白色的，中亚的卡拉库姆沙漠是黑色的，而美国的亚利桑那沙漠是红、黄、紫以及蓝、白等颜色，五彩缤纷，绚丽多姿。那么，沙漠为什么会有各种颜色呢？

这要从沙的来源说起。沙漠里的沙主要是由岩石风化而来的，由于岩石里含有各种颜色的矿物质，因而造成了沙漠的各种不同颜色。澳大利亚的红色沙漠是因为沙子里含铁，铁被氧化后呈红色；新墨西哥沙漠的沙子里含有石膏质，石膏被风化后就呈现白色；卡拉库姆沙漠主要由褐色岩石风化而来；亚利桑那沙漠是因为沙子里含有多种矿物质，所以呈现多种颜色。

小贴士

撒哈拉大沙漠

撒哈拉沙漠是世界第一大沙漠，位于非洲北部，面积约906万平方千米。“撒哈拉”在阿拉伯语中是大荒漠的意思，那里遍地沙石，植物贫乏。但撒哈拉沙漠中储藏着富饶的能源，如石油、天然气、铁、铜等，而且遗留的大型壁画也说明那里曾有过繁荣的远古文明。

想一想

1. 沙漠里的沙是（ ）。

A. 泥土里来的 B. 岩石风化的 C. 上帝造的

2. 澳大利亚的沙由于（ ），所以呈红色。

A. 被太阳晒红 B. 有人染红的

C. 沙子里含的铁被氧化变红

答案：1.B 2.C

6 为什么塔克拉玛干沙漠并非“死亡之海”

塔克拉玛干沙漠位于我国新疆南部的塔里木盆地，它的面积约为 32 万平方千米，是我国面积最大的沙漠，被称为“死亡之海”。

为什么它被称为“死亡之海”呢？“塔克拉玛干”为蒙古语，它的意思是“进去了出不来”。长期以来，很少有人敢深入塔克拉玛干沙漠。沙漠地带一般雨量不多，而这片大沙漠降水则更为稀少。所以，这片沙漠被认为是一个无生命存在的恐怖地带。

1993 年，中国科学院组成一个综合考察队，深入塔克拉玛干沙漠，进行了大规模的综合科学考察活动。考察结果令人振奋，他们发现塔克拉玛干沙漠并非人们传闻的生物不能存活的“死亡之海”。沙漠中不仅有狂风走沙，还有云、雾、雪、霜、雹、露等多种天气现象。沙漠之下，可找到相当数量的地下水，仅是浅层地下水的储量就有 81578 亿立方米，可为生命的生存提供重要物质基础。在这所谓的“死亡之海”中，也发现了不少种类的动植物，其中动物有 272 种，高等动物有 73 种，还有许多种类的低等植物和微生物。

想一想

1.（ ）被认为是一个无生命存在的恐怖地带，并被称为“死亡之海”。

A. 塔克拉玛干沙漠　B. 拉特沙漠　C. 利马沙漠

2. 在这所谓的“死亡之海”中，发现了不少种类的动植物，其中动物有（ ）种。

A.272　B.234　C.567

答案：1.A 2.A

高等动物

在动物学中，高等动物一般指的是身体结构复杂、组织和器官分化显著并具有脊椎的动物。但在脊椎动物中，以哺乳类、鸟类、爬行类、两栖类、鱼类顺序排列，则可称前者为后者的高等动物。

地球百科

启迪青少年智慧的地球百科

六 其他

1 为什么南极大陆是世界上最高的大陆

地球上最高的大陆不是拥有“世界屋脊”之称的亚洲大陆，而是南极大陆。地球上几个大陆的平均海拔高度分别是：亚洲 950 米，北美洲 700 米，南美洲 600 米，非洲 560 米，欧洲只有 300 米，大洋洲的平均高度尚不清楚，估计也不过几百米。然而，南极大陆，就其自然表面来说，其平均海拔高度为 2350 米，比其他几个大陆中最高的亚洲大陆还要高很多。

南极大陆为什么比其他的大陆高如此多呢？这是因为南极大陆 95%以上的面积被厚厚的冰川所覆盖，只有在南极大陆边缘区域有季节性的岩石露出，其余的绝大部分地方都常年被冰雪覆盖。冰的平均厚度为 2000 米左右，最厚的地方达 4800 米，形成了一个巨大的“冰被”。

所以，如果把覆盖在南极大陆上的冰盖剥离，它的平均高度仅有 410 米，比整个地球上陆地的平均高度还要低一些。

1. 世界上平均海拔最高的大陆是（　）。

A. 亚洲　B. 南极洲　C. 欧洲

2. 南极大陆上的冰的平均厚度是（　）左右。

A.4800 米　B.2000 米　C.410 米

答案：1.B 2.B

小贴士

七大洲、四大洋

我们地球上现在共有七大洲、四大洋，分别是亚洲、欧洲、非洲、北美洲、拉丁美洲（南美洲）、大洋洲、南极洲和大西洋、太平洋、印度洋、北冰洋。在七大洲中只有南极洲终年被冰雪覆盖，没有常住人口。

2 地球上哪里最冷、哪里最热

冬天气温低、天气冷，夏天气温高、天气热。但是，你知道地球上最冷的地方和最热的地方在哪里吗？

世界上最冷的地方在南极洲，那里迄今为止还没有人类居住，厚厚的积雪覆盖全岛，终年不化，年平均气温在 -25℃以下，绝对最低气温在 -88.3℃，并且曾经出现过 -94.5℃的纪录。在有人长期居住的大陆上，最冷的要数俄罗斯的维尔霍扬斯克和奥伊米娅康，那里全年平均气温在 -15℃左右，奥伊米娅康的最低气温甚至在 -78℃。

世界上最热的地方在非洲埃塞俄比亚的马萨瓦。马萨瓦地处红海边上，全年平均气温为 30.2℃，几乎每天都是炎热的夏季。而极端最高气温出现在非洲的索马里，在阴影下测到的最高气温竟然达到 63℃。

想一想

1. 地球上最冷的地方是（ ）。

A. 南极洲 B. 维尔霍扬斯克
C. 奥伊米娅康

2. 地球上最热的地方的年平均气温是（ ）。

A.30℃ B.30.2℃ C.63℃

答案：1.A 2.B

小贴士

地球的温度

地球上不同地方温度不同，主要是由受太阳照射的倾斜程度决定的。一般来说，赤道上受太阳直射角大，温度较高，而南北两极只能斜着面对太阳，自然要寒冷得多。

3 夏天，为什么北极的太阳总不落山

北极的夏天景色是十分奇妙的，它每天 24 小时始终是白天，要是碰上晴天，即使是午夜时分也是阳光灿烂，就像白昼一样明朗。这就是极昼现象。

产生这种现象的原因是：地球环绕太阳旋转（公转）的轨道是一个椭圆，太阳位于这个椭圆的中心上。由于地球总是侧着身子环绕太阳旋转，地球自转轴与公转平面之间有一个 66°33′ 的夹角，而且这个夹角在地球运行过程中是不变的，这样就造成了地球上的阳光直射点并不是固定不动，而是南北移动的。在一年中的春分和秋分，太阳光直射在赤道上，这时地球上各地昼夜长短都相等。春分以后，阳光直射点逐渐向北移动，直到夏至日时，太阳光直射在北回归线上，整个北极圈内都能看到极昼现象，而整个南极圈内则正好相反，一片漆黑，产生极夜现象。

想一想

1. 当太阳照在地球上的（　）时，地球各地昼夜长短都一样。
A. 南回归线　B. 北回归线　C. 赤道

2. 当南极圈是极昼时，北极圈内是（　）。
A. 极昼　B. 昼夜平分　C. 极夜

答案：1. C　2. C

小贴士

回归线

地球赤道以北 23°26′ 处的纬线圈，叫做北回归线。赤道以南 23°26′ 的纬线圈称为南回归线。每年太阳的直射范围只限于这两条纬线之间，来回移动，所以叫做回归线。

4 东西南北是怎样确定的

当你在海上或森林里迷路时，最需要的就是指南针，用它来认清东南西北方向。但是你想过没有，地球上的四个方向是根据什么来确定的呢？

地理上的东是指与地球自转方向一致的方向，西就是与地球自转方向相反的方向。有了东、西，就产生了南、北。地球上南、北的终点是南、北两极，如果我们从地球中间的赤道出发，向北走去，最终会走到北极。站在北极点，你不管向哪个方向走，都是向南方行走，不存在向东或者向西的可能。因为北极点的四面八方都是南方。同理，南极的四周也都是北。但是，东、西方

向是没有终点的，如果我们从地球的某一点出发，一直向东行走，结果总会走回原地，那时候就说明我们绕了地球一周。

如果你拿着一张没有特别标记的地图，就可以依据公认的规则认为：上北下南，左西右东。

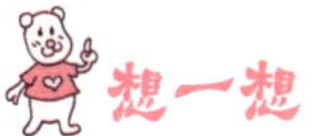

想一想

1. 地球上，南方的终点是（　）。

A. 南极　B. 北极　C. 两极

2. 在一张没有特别标记的地图上，下面的方向是（　）。

A. 北方　B. 南方　C. 东方

答案：1.A 2.B

小贴士

北极点

我们居住的地球每天都在不停地自转着，它所旋转的轴是眼睛看不到的，但是我们假想它是一条由两端穿过地球中心的线，并称之为地轴。地轴的两端就是南、北两极，而地轴的北端，北半球的顶点就叫做北极点。

5 经纬线是怎样确定的

打开任何一张地图，或者转动一下地球仪，我们都会发现，上面布满了纵横交错的线条，横线是纬线，纵线是经线。通过这些经纬线，我们可以方便地确定地球上任意地点的位置，这对于航海和航空过程中的定位十分有用。

我们已经知道，地球是绕着地轴旋转的，地轴是一根假想的连接南、北两极并穿过地球中心的线。沿着地轴，从北极到南极，可以画上360个半圆，

把地球分成360等份，这些半圆状且长度相等的线就是经线。国际上规定，以通过英国伦敦格林尼治天文台原址的那条经度为零度经线，也叫本初子午线。从这条线向东向西各分180度，向东的称为东经，向西的称为西经，所以，东经180度和西经180度实际上是同一条

线，一般就叫它 180 度经线。地图上用来区分日期的国际日期变更线，就是以这条线为标准的。

纬线是与经线相垂直的线，以赤道为零度纬线，向南、向北各 90 度，赤道以南是南纬，以北是北纬。北纬 90 度是北极，南纬 90 度是南极。

1. 地球仪上的经线一共有（　）。

A.360 条　B.36 条　C.24 条

2. 零度经线在（　）。

A. 英国伦敦　B. 中国北京　C. 美国华盛顿

答案：1.A 2.A

小贴士

经线和纬线

为了方便描述我们地球表面上各地点的位置，人们假定出一条环绕地球表面距离南、北两极相等的圆周线，这条线就叫做赤道。沿地球表面与赤道平行的圆周线叫纬线，而连接南北两极与赤道垂直的线则叫经线。这样一来，地球上任意一点都可以用经纬来表示了。

6 南极的冰为什么比北极的多

南极和北极是地球上纬度位置最高的地方，终年积雪覆盖，异常寒冷。而南极比北极要冷得多，不仅如此，南极的冰层平均厚度为 2000 米，最厚的地方超过 4000 米，而北极的冰层只有 2 ～ 4 米厚。南极和北极同处地球两极，纬度相同，接受太阳照射的角度和时间也相同，为什么南极的冰要比北极的多呢？

因为南极有一块很大的陆地，面积约为 1240 万平方千米，陆地储热的能力差，无法将夏季获得的热量有效地储存起来，在接受热能的同时又将热量辐射了，所以南极冰多。南极大陆上的冰川有 20 多万座之多，它们缓缓地移动，在四周的海岸断裂成巨大的冰块，漂浮在水里，这些冰川就似一个个围绕南极大陆的岛屿。而北极地区主要是海水，海水能储藏较多的能量，然后慢慢地把热量释放出来，所以北极比南极气温高，冰层自然就薄，所以南极的冰比北极的多。

1. 南极和北极的纬度相比是（　）。

A. 南极高　B. 北极高　C. 一样高

2. 陆地和海水相比，储藏热量的能力是（　）。

A. 陆地高　B. 海水高　C. 一样高

答案：1.C 2.B

小贴士

南极冰川

南极地区常年寒冷，降下的雪花在地面上越积越厚，在阳光照射下融化，但又马上结成冰。经过一层又一层新雪和冰不断地积累、重压，这些冰最终变成冰川冰，然后在自身重力的作用下，发生了缓慢地流动。当流到大陆边缘的时候，就会断裂，形成冰山。

7 龙卷风为何能把鱼虾带上天

龙卷风，就是人们通常所说的“龙吸水”，这也许是由于它的外形像传说中的龙，从天而降，把地上的水吸上去的缘故。说来还有一件趣事呢，1974 年的夏天，在澳大利亚北部山区突然乌云密布、大雨倾盆，而一万多条鲈鱼也随着暴雨从天而降。原来，这是龙卷风造成的。

龙卷风常发生在夏季的雷雨天气。在雷雨云中对流运动十分强烈，上下温差很大。地面的热空气快速上升，而高空冷空气急速下降，冷空气的下降速度远大于热空气的上升速度，两种气流不断交锋、运动，就形成了许多小旋涡。小旋涡不断扩大形成空气旋转柱。当发展的旋涡到达地面高度时，地面风速急剧上升，就形成了龙卷风。

发生在陆地上的龙卷风叫陆龙卷，发生在水面上的龙卷风叫水龙卷。由于龙卷风风速很大，因此有极大的破坏性，常常会带来灾害性的后果。

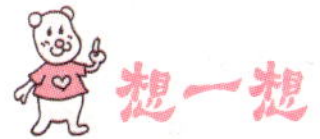

想一想

1. 龙卷风通常发生在（ ）。

A. 春季 B. 夏季 C. 秋季

2. 发生在水面上的龙卷风叫（ ）。

A. 陆龙卷 B. 水龙卷 C. 火龙卷

答案：1.B 2.B

小贴士

对流运动

在空气或者液体中，较热的部分和较冷的部分通过循环的流动，可以使温度趋于均匀，这种运动叫做对流运动。空气在做这种对流运动时，就会产生风。

8 为什么秋天会感到“秋高气爽”

秋季是由夏到冬的过渡季节，这时太阳照射的角度由大变小，地面所受的太阳光热比夏季显著减少。在9月初，就有冷空气频频南下，长驱直入长江中下游地区，促使夏季滞留在此地的南方暖湿空气迅速南移。因此，在9～10月份，长江中下游地面上往往已为冷高气压所控制。而在高空，夏季盘踞在这里的太平洋副热带高气压，还没有向南退却，所以这时地面和高空都在高气压的控制之下。在高压区，下沉气流盛行。

在气流下沉过程中，空气的体积要受到压缩，气温因而增高，这就使得空气的相对湿度变小，空气变得干燥，不利于云和雨的形成。这是长江中下游地区产生秋高气爽天气的主要原因。10月以后，高空的副热带高气压南移，长江中下游在西风带的控制下，成云降雨的机会就比秋季多了。

想一想

秋季是由夏到冬的过渡季节，这时太阳照射的角度（　）。

A. 由大变小　B. 由小变大　C. 不变

答案：A

小贴士

华西多秋雨

我国有些地区，因为地形崎岖起伏，既延缓了南方暖气流南撤，又减弱了北方冷空气入侵。所以在秋季，冷暖气团在此交锋滞留的机会较多。在冷暖气团交锋时，空气的体积膨胀，气温逐渐冷却，容易使水汽形成降雨。所以，我国华西地区经常是秋雨绵绵，天气远不如长江中下游那样好。

9 大气层究竟有多厚

大气层到底有多厚？天到底有多高？长期以来，人们一直在思考这个问题。人类经过不懈的探索和追求，对大气层的认识越来越清晰了。

整个大气层可以分为对流层、平流层、中间层、热层、外层。从地面到地面以上 20 千米处是对流层。在这一层里，气温随高度的升高而不断降低，风、霜、雨、雪、云雾、冰雹等变化多端的天气现象都发生在这一层。从距地面 20 千米往上到 50 千米的高空是平流层。平流层里空气稀薄，气流十分平稳，很适合飞机飞行。从距地面 50 千米至 85 千米的高空是中间层，这一层的气温随高度升高而降低，最高处气温低至 -90℃。从中间层往上到距地面 500 千米的高空是热层，热层的下部气温随高度的升高而升高，在距地面 250 千米的高空，气温可达 2000℃，并恒定下来。再往上就是外层，这里大气极其稀薄，高速的气体粒子经常挣脱地球引力，逃逸到外层空间，所以外层又称散逸层。因此，地球大气层能延伸到地球的几个半径那么远。

想一想

1. 大气层共分为（　）层。

A.3 层　B.4 层　C.5 层

2. 空中的（　）最适合飞机飞行。

A. 对流层　B. 平流层　C. 热层

答案：1.C 2.B

小贴士

大气层

我们地球的外面包围了一层厚厚的气体，包括我们生存必不可少的氧气，还有氮气、二氧化碳等气体。这些包围着星球的气体叫做大气，而包围星球的气体层叫做大气层。

10 为什么要保护珊瑚礁

从分类上来看，珊瑚可以分为两大类：一是有藻类共生的造礁珊瑚，生活在阳光充足的较浅区域；另外一类是无藻类共生的非造礁珊瑚，生活在较深的海底。珊瑚礁提供了大大小小的各种空穴与缝隙，很适合各种生物的栖息，所以珊瑚礁区的生物歧异度相当高。

此外，珊瑚虫对地球大气中的碳循环也扮演着重要的角色，它们将二氧化碳转变为碳酸钙骨骼，有助于降低地球大气中的二氧化碳含量，从而减轻温室效应、降低大气温度。

珊瑚礁海区一般营养盐丰富，以营养盐为生的浮游生物便大量繁殖，致

使生物链中更高级的鱼、虾、蟹、贝以及鸟类和大型海兽在此集结，形成了生物密集区。同时，珊瑚礁的复杂地形也保证了多种生物的均衡发展。

因此，珊瑚礁海区有“热带海洋森林”之称。

想一想

珊瑚可以分为两大类：一类是有藻类共生的造礁珊瑚，另一类是无藻类共生的（　）。

A. 非造礁珊瑚　B. 造礁珊瑚　C. 珊瑚

答案：A

世界上最大的珊瑚礁

大堡礁是澳大利亚东北海岸外一系列珊瑚岛礁的总称，是世界上最大的珊瑚礁群。它有约3000个岛礁，分布面积达20.7万平方千米。大堡礁海水温度适宜，清晰度高，水面平静，生态条件良好，有利于各种海洋生物的生长。

11 大陆的尽头在什么地方

有的人可能会问，大陆有尽头吗？如果有，大陆的尽头在什么地方呢？

在地图上，陆地部分和海洋部分是用分界线标出的。其实，这并不是大陆的真实形状。地球上每一个大陆板块的边缘，都是深度约 200 米的浅海，它是大陆的连续部分，是大陆延伸到海洋的浅海中的陆地，称为大陆架，也称水下平原。大陆架有宽有窄，宽的能使大陆延伸超过海岸线近 1609.3 千米。大陆架是地壳运动或海浪冲刷的结果。地壳的升降运动使陆地下沉，淹没在水下，形成大陆架；海水冲击海岸，产生海蚀平台，淹没在水下，也能形成大陆架。它大多分布在太平洋西岸、大西洋北部两岸、北冰洋边缘等。

大陆末端直到海底的一段，是猛然下降的斜坡，叫做大陆坡。它位于大陆架与深海底之间，是大陆和海洋在构造上的边界。大陆架和大陆坡合称为大陆边缘，它们是大陆的尽头，隐藏在海水里，其实是大陆的一部分。

海沟

海沟是位于海洋中的两壁较陡、狭长的、水深大于5000米的沟槽。海沟多分布于活动的海洋板块边缘，在海洋板块与大陆板块的交界处，一般认为它是地球板块相互挤压作用的结果。

想一想

大陆架有宽有窄，宽的能使大陆延伸超过海岸线近（ ）千米。

A.1509.3 B.1409.3 C.1609.3

答案：C

12 喜马拉雅山是从海里升起来的吗

大家很难想象，被称为“世界屋脊”的喜马拉雅山在2亿多年以前居然是一片汪洋大海。

地球上之所以有许多山，都是地壳运动的结果。大约距今6亿年前，喜马拉雅山是一片古老广阔的“特提斯”海，是古地中海的一部分。到了距今约7000万年前的时候，由于南印度洋的海底扩张，使原来在南半球的印度洋板块向北逐渐漂移，最后同北方的亚欧板块发生挤压和碰撞。处在这两个坚硬陆块之间的古海受挤压而猛烈抬升，形成高大的山脉。在地质历史上，称这次强烈的造山运动为“喜马拉雅运动”。

科学家们还在喜马拉雅山的山谷和岩壁上发现了许多远古时代海洋生物的化石，例如三叶虫、笔石、鹦鹉螺、珊瑚、海胆、海藻、鱼龙等，这些可以充分证明喜马拉雅山是从古老的大海里升起来的。

想一想

1. 喜马拉雅山是由（　）相撞造成的。

A. 大西洋板块和印度洋板块

B. 印度洋板块和亚欧板块

C. 亚欧板块和太平洋板块

2. 喜马拉雅山是从（　）升起来的。

A. 陆地　B. 沙漠　C. 海里

答案：1.B 2.C

小贴士

板块漂移

板块构造理论认为，地壳是由若干个板块组成的。在3亿多年以前，地球上只有一块大陆，称泛大陆。从中生代起，泛大陆开始破裂，破裂的板块缓慢地向外漂移，直到距今两三百万年以前，到达了大概今天的位置。

13 沙子为什么会鸣叫

鸣沙山位于甘肃敦煌，是一处神奇的沙漠奇观。

鸣沙山的沙有红、黄、绿、白、黑五种颜色，沙峰起伏，沙脊像刀刃一样，是典型的金字塔形沙丘。在天气晴朗游人滑沙时，鸣沙山会发出犹如飞机马达般的轰响，声音宏大，让人难以忘怀。

敦煌的鸣沙山和宁夏中卫的沙坡头、内蒙古包头的响沙湾共同构成了我国的三大鸣沙地。当然，世界上还有其他许多地方有鸣沙现象。

沙子为什么会鸣叫？到目前为止还没有标准答案。有说法认为，由于当地气候干燥，长时间的阳光照射，导致沙子带电，刮风或滑沙时，沙子之间不断撞击，会产生放电现象，同时发出鸣叫。还有说法认为，沙粒滑动时，沙子之间空隙不断改变，空隙间的空气因不断被挤压而导致沙粒发生震动，发出声响。

想一想

1. 甘肃敦煌鸣沙山的沙子颜色是（ ）。

A. 红、黄、绿、白、黑
B. 红、黄、蓝、白、黑
C. 红、黄、绿、白、紫

2.（ ）不是我国的鸣沙地。

A. 敦煌鸣沙山 B. 包头响沙湾
C. 塔克拉玛干沙漠

答案：1.A 2.C

小贴士

敦煌莫高窟

莫高窟，俗称千佛洞，位于甘肃省河西走廊西端，在鸣沙山东麓50多米高的崖壁上，洞窟层层排列。它是集建筑、彩塑、壁画为一体的文化艺术宝库，具有珍贵的历史、艺术、科学价值，1987年被列入世界文化遗产，是中华民族的历史瑰宝，人类优秀的文化遗产。

14　世界第八大奇迹是什么

外国元首、学者参观秦俑博物馆后认为，秦俑坑的发现，不仅是中国，而且也是世界考古史上的一次重大发现，可以说是世界第八大奇迹，它可以同埃及金字塔和古希腊雕塑相媲美，公认它是世界人类文化的宝贵财富。

震惊中外的考古发现在 1974 年，中国考古工作者把沉睡千年的 7000 多件陶俑发掘出土，被认为是古代的奇迹，是本世纪最壮观的考古发现。秦兵马俑，无论在数量上、质量上，还是在考古发现上，都是世界上所罕见的，它对于深入研究公元前 2 世纪秦代的军事、政治、经济、文化、科学和艺术等提供了极为珍贵的实物材料。它既是中国人民的艺术珍品，又是世界人民的共同文化遗产。

秦始皇陵兵马俑是以现实生活为题材而塑造的，艺术手法细腻、明快，手势、脸部表情神态各异，具有鲜明的个性和强烈的时代特征，显示出泥塑艺术的顶峰，为中华民族灿烂的古老文化增添光彩，给世界艺术史补充了光辉的一页。

世界七大奇迹

公元前 3 世纪的腓尼基旅行家昂蒂帕克最早提出了世界七大奇迹的说法，指的是埃及的金字塔、巴比伦的空中花园、土耳其的阿尔忒弥斯神殿、地中海的罗德岛太阳神铜像、埃及的亚历山大灯塔、希腊奥林匹亚的宙斯神像和土耳其的摩索拉斯王陵。

秦始皇陵兵马俑是以（　）为题材而塑造的。

A. 现实生活　B. 社会　C. 战争

答案：A

15 世界最大的裂谷在哪里

裂谷是由于地壳在不停的运动中，两个断层间的陆地产生下沉而形成的。世界上的裂谷有很多，其中，东非大裂谷是世界上最长的裂谷带，被称为地球的“伤疤”。

东非大裂谷纵贯整个东非高原，南北延伸 7000 千米以上，宽约 50 ～ 80 千米，底部是一条宽带状的低地，夹嵌在两侧高原之间，裂谷底部比两侧高原表面平均要低 500 ～ 800 米。

东非大裂谷为什么会成为世界上最长的裂谷呢？

原来，那里是一个断层陷落带，是在地壳运动过程中，因巨大的断裂作用形成的。而地壳断裂，则是由地幔上层的热对流引起的。地壳受到张力而

断裂，于是地壳出现两条大致平行的大裂缝，然后裂缝中间的地面渐渐下沉。同时，断裂的两翼相对抬高，形成裂谷的两壁和一条深陷下去的宽带状低地。那些低洼的地方渐渐积水，形成了湖泊。在东非大裂谷地带里，沿裂谷带分布着大大小小 30 多个湖泊，如颗颗明珠点缀着非洲大陆，展现出多姿的风采。

小贴士

东非大裂谷

这条裂谷带位于非洲东部，南起赞比亚以南，向北经马拉维湖分为东、西两支。东支沿维多利亚湖东侧，经坦桑尼亚、乌干达，穿越埃塞俄比亚高原入红海，再由红海北上入亚喀巴湾抵约旦地沟。西支沿维多利亚湖西侧，循扎伊尔国界延伸到乌干达北部，抵尼罗河上游谷地。

想一想

在东非大裂谷地带里，沿裂谷带分布着大大小小（　）多个湖泊。

A.20　B.30　C.40

答案：B

16 你知道克里特大迷宫吗

克里特岛位于地中海北部，是希腊的第一大岛，总面积 8300 平方千米。在这座岛上有一个特大的迷宫诺瑟斯，是古希腊米诺斯文明时遗留至今的神秘建筑。至于这个迷宫有何用处，科学家们不断地研究，至今没有确定的结果。

普遍的说法认为它是克里特岛上迈诺斯王宫的一部分。其建筑很是奇特，曲折绵延的楼梯，有时在 8 米之内就有 3 个楼梯，连到另一层的房间，回廊迂回盘旋，令人不辨方向。

考古学家们和历史学家们大多赞成这一说法，只有德国学者沃德利克坚持自己的意见，不同意他们的说法。在 1972 年，沃德利克在其写的书中说，诺瑟斯这座宏伟建筑，绝不可能是国王的住处，而极可能是王陵或贵族的坟墓。这里还发现了大多数考古学家认为是用于储藏谷物、油或酒的大陶瓷器皿。

不管是王宫还是墓葬，或者是有其他用处，科学家们仍然不懈地探究这个谜题的答案。

小贴士

米诺斯文明

希腊克里特岛的青铜时代文明，是爱琴文明重要的组成部分，因其国王在希腊神话中被称为米诺斯而得名。有时也据所在地而称为克里特文化或克里特文明。以精美的王宫建筑、壁画及陶器、工艺品等著称于世。

想一想

（　）岛上的诺瑟斯迷宫很是奇特，曲折绵延的楼梯，令人不辨方向。

A. 克里特　B. 米诺斯　C. 圣托里尼

答案：A

17 非洲草原动物为什么要迁移

辽阔的非洲大陆，赤道横贯中部。赤道地区，终年高温多雨，分布着茂密的热带雨林。热带雨林的南北两侧，则是面积广阔的热带草原。

同是热带草原，赤道南北两地的季节却正好相反。每年 5 ～ 10 月，赤道以北的热带草原区进入夏季，此时赤道的低气压带北移，气流上升，空气在上升过程中，温度降低，容易凝云致雨，所以形成大量的降水，使这一地区进入湿季。而赤道以南的热带草原此时正处于副热带高气压带的控制之下，气流下沉，温度升高，水汽不易凝结，干燥少雨，这便是干季。从 11 月到次年 4 月，由于太阳直射点和气压带的南迁，形成北干南湿的状况。

当南方的热带草原处于湿季时，大地上长满了茂盛的青草，为食草动物提供了充裕的食物，于是，北方的食草动物纷纷南下，迁徙至此，而食肉动物自然紧随其后。等南方转湿为干后，草木枯黄，食草动物便成群结队地向正处于湿季的北方草原进军，食肉动物也不甘落后，随之北迁。

所以，非洲草原动物之所以大规模迁徙，是由当地的地理、气候等因素决定的。

非洲草原动物

非洲的热带草原气候带分布着高草丛生的热带草原，这里有许多大型植食动物，如非洲象、长颈鹿、斑马、羚羊、野牛等。另外，由于草原上景观开阔，行动迅速的穴居动物也有很多，如土豚、疣猪、跳兔等。

1. 辽阔的非洲大陆，（　）横贯中部。

A. 赤道　B. 冰川　C. 岛屿

2. 空气在上升过程中，温度（　）。

A. 降低　B. 升高　C. 不变

答案：1.A 2.A

19 世界上国中之国有多少

莱索托、圣马力诺和梵蒂冈是世界上3个完全被另一个国家包围的国中之国。

位于南非屋脊的莱索托是最大的国中之国，领土约3万平方千米，全境被南非共和国包围，首都马塞卢隔卡利登河与南非对峙。东部与南非交界的是天然“长城”德拉肯斯山脉，山崖耸立，顶峰平直，260千米长的边界线找不到一个豁口，进出国境要绕大弯。

圣马力诺是老牌的共和国，386千米的国境线完全被意大利包围。进入

国境不验护照，不见哨兵，若非界碑标示，谁也不知已经跨入了另一个国家。然而自 1263 年制定共和法规，它已成为欧洲最古老的共和国。蒂塔诺山巅上的古堡供奉着马力诺的圣像和骨灰盒，成了这里的象征。

梵蒂冈是意大利罗马城市的国中国，是世界上最小的主权国家。国土仅 0.44 平方千米，相当于北京故宫的 2/3 大。梵蒂冈的城墙就是国界，墙内有 20 多个宗教建筑群。东南侧的圣彼得广场，可容纳 50 万人集会。教皇是该国的元首。梵蒂冈虽然国土面积小，但它的财富已经超过了一个中等国家的水平。

想一想

1. 世界上有（　）个完全被另一个国家包围的国中之国。

A.3　B.5　C.10

2.（　）是意大利罗马城市的国中国，是世界上最小的主权国家。

A. 梵蒂冈　B. 圣马力诺　C. 莱索托

答案：1.A 2.A

小贴士

梵蒂冈的财政来源

梵蒂冈境内没有田野，没有农业，没有工业，也没有矿产资源。但是，这里却有世界上最大的天主教堂圣彼得大教堂，有驰名世界、收藏丰富的梵蒂冈博物馆……它的财政收入主要靠旅游、邮票、不动产出租、宗教事务盈利及向教皇赠送的贡款和教徒的捐款等。

19 你知道“少女峰”名字的由来吗

在瑞士中部有一座山峰，海拔4158米，绵延18千米，是阿尔卑斯山的最高峰之一，也是欧洲最高峰之一。峰顶覆盖着晶莹的冰雪，几道冰川顺峰而下，站在山下远远望去，宛如一位少女，披着长发，银装素裹，恬静地仰卧在白云之间，所以被称做“少女峰”。

少女峰上有许多迷宫般的冰洞，洞内左弯右转，时宽时窄，也是探幽寻胜的好地方。在洞中还可看到用冰雕成的人像和各种器物。

少女峰是伯尔尼高地最迷人的地方，这里终年积雪，如果天清气朗，极目四望，景象壮丽，毕生难忘，这里有欧洲最高的火车站可直达。少女峰登山铁路本身就是20世纪初人类的一大工程奇迹。修筑这条铁路用了16年时间，而为了避免滑坡和风雪，路线有相当长的部分是在艾格峰腹地内的隧道中盘旋而上的。

少女峰是国际知名的旅游胜地。它的东、西两侧各有登山通道。1912年还建成了7千米长的隧道，游人乘上火车通过隧道可直抵少女峰的一个山口。

阿尔卑斯山

阿尔卑斯山是欧洲最高大、最雄伟的山脉。它西起法国东南部的尼斯，经瑞士、德国南部、意大利北部，东到维也纳盆地，绵延1200千米。宽120~200千米，最宽处可达300千米。山势高峻，平均海拔约达3000米。

少女峰海拔（　）米，绵延18千米，是阿尔卑斯山脉的一座高峰。

A.4158　B.5485　C.1258

答案：A

20 水土流失该如何综合治理

几千年前，黄河就很混浊，唐朝时期，这条河被正式命名为黄河，可见黄河流域的水土流失由来已久。水土流失的严重后果是使良田变成荒地，阻塞河道，增加水涝灾害的发生率。目前，我国水土流失最严重的地区是黄土高原。

水土流失的治理，一直以来都没有间断过，但以前治理方式单一，一直不见成效。现在，我国开始对水土流失进行综合治理。综合治理水土流失就是以小流域为单位进行治理，采取工程与生物相结合的综合措施，其方式为：首先是农田的基本建设，修筑梯田、坝地，在缓坡地上修梯田是今后的方向。延安宝塔区的机修水平梯田，宽 10 ～ 15 米，既保持了水土，又增加了产量与收入。其次，要植树种草与封山结合，增加荒山荒地的植被覆盖。在丘陵沟壑地区或塬边要以增加绿色覆盖度为目的，因地制宜发展草、灌木、乔木，必要时要封山育草，培育灌木，以防水土流失。

对水土流失地区的综合治理，要因地制宜，才会收到良好的成效。

1. 我国水土流失最严重的地区是（　）。

A. 青藏高原　B. 黄土高原　C. 东北平原

2.（　）不是进行水土流失的综合治理的措施。

A. 修筑梯田、坝地　B. 种树植草
C. 修建水库

答案：1.B 2.C

小贴士

水土流失的危害

目前，全球每年约有 600 亿吨表土层被冲刷而流入海洋，即每分钟就有 10 万吨沃土白白流失。而在正常农业生产条件下，需 100 年以上的时间才能形成一寸厚的表土层。水土流失的直接后果是土层瘠薄，肥力下降，农作物减产；除此之外，还会阻塞河道，引发洪水等灾害。

21 为什么把柴达木盆地称为“聚宝盆”

柴达木盆地是我国三大内陆盆地之一，周围被4000米以上的昆仑山、阿尔金山、祁连山所环抱，盆地中间海拔在3000千米以下，四周逐渐升高，面积约有25万平方千米。

“柴达木”是蒙古语，意为“盐泽”，更确切的意思为“一片浅缓倾斜的，有着鹅卵石的大漫坡”。它形象地反映出盆地内既有丘陵沼泽，又有沙漠戈壁的地理景观。

这里的盐特别多，简直是盐的世界！大大小小的盐湖有100多个，食盐总储量有600亿吨之多！不仅数量大，而且质量好。经检测，这些盐中含有丰富的钾、镁、硼等多种化学元素，是非常好的工业原料。

柴达木盆地内部不仅有盐，还含有丰富的矿产资源，种类多、储量大、品位高，人们称它为“聚宝盆”。盐、石油、铅锌和硼砂是盆地中的“四大宝”。

小贴士

中国三大内陆盆地

我国的三大内陆盆地是指塔里木盆地、准噶尔盆地和柴达木盆地。塔里木盆地和准噶尔盆地位于我国西北部内陆，在新疆境内，分居天山南北两侧。柴达木盆地在青藏高原的东北部青海省境内，平均海拔在3000米左右，是一个典型的内陆高原盆地。

想一想

1. 柴达木盆地是我国(　)大内陆盆地之一。
A. 三　B. 七　C. 五

2. 柴达木盆地大大小小的盐湖有(　)多个。
A. 10　B. 100　C. 50

答案：1.A 2.B

22 为什么要多种树

3 月 12 日是中国的植树节，每年的这一天大家都会带上工具去野外义务植树，为绿化祖国出一份力。

为什么要种那么多树呢？因为种树有很多好处。树木为我们的生活和工业发展提供了大量的原材料，树木供给我们木材用来建房子、做家具，我们吃的许多水果也是树上长的。

树叶上长着许多细小的茸毛和黏液，能吸附病菌、病毒等有害物质，还可以大量减少和降低空气中的尘埃，1 公顷草坪每年可吸收烟尘 30 吨以上。因此，人们把绿色植物称为“天然除尘器”。

树叶在阳光下能吸收二氧化碳，释放人体所需的氧气。据测定，1 公顷阔叶林每天约吸收 1000 千克二氧化碳，释放氧气 700 千克。因此，人们把绿色植物称为“氧气制造厂”。

森林还能调节气候，防风固沙，保持水土，防止水灾发生，对整个生态环境的发展大有裨益，因此我们要多种树。

想一想

1. 我国的植树节是（　）。

A.2 月 14 日　B.3 月 12 日　C.4 月 1 日

2. 下面对树木有益的用途说法错误的是（　）。

A. 净化空气　B. 防风固沙　C. 制造二氧化碳

答案：1.B 2.C

小贴士

中国的森林

我国的森林覆盖率仅居世界第 130 位，人均森林面积居世界第 134 位，人均森林蓄积居世界第 122 位。森林资源地域分布极不均匀，占国土面积 32.19% 的西北五省（自治区）森林覆盖率仅为 5.86%。

23 为什么矿藏一般都在山区

在生活中，只要我们一提到矿藏，就会说起“矿山”，矿总是和山连在一起，人们发现，矿藏一般都蕴藏在山区。

在这些矿藏中，有铁矿、铜矿、铝矿、钨矿、铅矿等。根据地壳活动的原理，山脉是经过长期的地壳运动形成的。山脉在很久以前可能是海洋，海洋中有着各种物质的残骸，经过几千年甚至上万年的物理和化学变化，这些物质变成了矿物质。后来经过地壳的升降运动，原来的海洋形成了现在的山脉，山脉里自然就含有各种矿藏。还有一种情况，地壳运动造成火山爆发，喷出的岩浆中含有多种金属成分，当它们冷却后便自然凝固在新的山脉中。

当然，也有一些像石油、煤等矿藏分布在平原、沙漠或者盆地中。

想一想

矿藏一般都蕴藏在（　）。

A. 山区　B. 海洋　C. 高原

答案：A

小贴士

岩石与矿石

岩石是地球表面的坚硬物质，大块的称为岩石，小块的则称为石头或卵石。岩石是由矿物构成的，如石灰石是一种由方解石或碳酸钙等矿物构成的岩石。岩石中含有多种矿物。矿石是含有矿物的岩石，金属就是从矿石中提炼出来的。

24 为什么物种会灭绝

1987 年 6 月 6 日，最后一只黑海雀死去，这种南美洲特有的雀科鸣鸟从此灭绝，它在地球上永远消失了。

从地球诞生之日起，地球上总共出现了大约 10 亿个物种，而现在留存下来的只有 1%，大约 1000 万个物种，99%的物种都在漫长的生物进化过程中灭绝了。在生物的发展过程中，由于火山爆发、地壳运动、冰河期出现等自然灾难，导致生物的生存环境极端恶化，这是引起生物物种大量灭绝的主要原因。

人类出现以后，改变了生物之间的生存竞争法则，使生物灭绝的速度越来越快。从 1800 ～ 1950 年，地球上的鸟类和兽类物种灭绝了 78 种。而 20 世纪 80 年代以来，每隔一个小时就有一种生物灭绝。物种灭绝的原因主要是生态环境的破坏、人类不合理的开发利用、环境污染和外来物种的引入。物种灭绝直接影响人类的生产、生活和自然界的生态平衡，防止物种灭绝已成为全球性的紧迫任务。

想一想

1. 从地球诞生之日起，总共出现过（ ）物种。

A.10 亿个　B.1000 万个　C.1 亿个

2. 到 20 世纪 80 年代以来，每天地球上会有（ ）物种灭绝。

A.6 个　B.24 个　C.78 个

答案：1.A 2.B

小贴士

消失的恐龙

恐龙这个名字的意思是“可怕的蜥蜴”。这些陆生爬行动物生活在中生代，这一时期常被称为“爬行动物时代”。恐龙曾“统治”地球达 17000 万年之久，后来全部消失了。今天，科学家们只能研究恐龙的化石来推测它们灭绝的原因，普遍认为是由于环境骤变导致的。

25 为什么我国有的地方能长森林，有的地方能长草

在我国青海、内蒙古等地区，大草原如一条厚厚的毡毯，一眼望不到边际；在我国的东北、东南等地区，有数也数不清的森林；在四川、云南、西藏等地区，还存在着密密麻麻的原始森林。

为什么有的地方能长森林，有的地方能长草呢？这主要是由于当地的气候造成的，树木枝叶很多，每天蒸发消耗的水量很大，所以要生长在雨量较多、气候湿润的地区。而草根浅叶少，比较耐旱，一年中只要有一段时间比较湿润，就可以促进草的繁殖生长。

气候干湿不仅受降雨

量的影响，而且与气温有密切的关系，比如在热带年降雨量在 300 ～ 400 毫米之间，在寒温带气候里，这样的降水量适宜生长茂密的森林，然而在热带，就只能长草，甚至有时候连草都不能活。

想一想

在（　）、云南、西藏等地区，还存在着密密麻麻的原始森林。

A. 河南　B. 陕西　C. 四川

答案：C

小贴士

地球上的五带

赤道两侧南北回归线之间的地带，受太阳的热量最多，全年气温变化不大，叫做热带。南北半球的极圈与回归线之间的地带，叫做温带，并分为暖温带、中温带、寒温带。南北极圈以内叫做寒带。地球上的五带指热带、北温带、南温带、北寒带、南寒带。

26 我国哪里被称为“三大火炉”

炎炎夏日，我国长江流域的平均气温最高，其中南京、武汉、重庆被称为“三大火炉”，它们的极端最高气温都在40℃以上，而且高温持续时间比较长。

造成这种情况的主要原因是“三伏”期间长江流域高空被副热带高压所控制，使温度增高，同时万里无云，太阳毒似火般地炙烤着大地，以致温度急剧上升。

其次，这三地都位于长江沿线，地势比较低，地面热量不易散发，都聚集在近地空中。

还有，在这三个城市的郊区，湖河密布，水田河渠，纵横交错。在阳光照射下，水分蒸发，使空气显得十分沉闷。

由于上述原因，再加上近年来经济的发展，人为污染的加剧，不断造成空气升温。所以，武汉、重庆、南京被称为“三大火炉”。

想一想

南京、武汉、重庆被称为“三大火炉”，它们的极端最高气温都在（　）℃以上。

A.50　B.30　C.40

答案：C

夏季三伏

夏季的“三伏”是按照我国古代的“干支纪日法”确定的，是一年中最热的日子。“伏”表示阴气受阳气所迫藏伏地下。“三伏”是初伏、中伏和末伏的统称，每年出现在阳历7月中旬到8月中旬。

27 五岳为何少黄山

黄山位于风景秀丽的皖南山区，它以“三奇四绝”的奇异风采名冠于世。

黄山是以自然景观为特色的山岳旅游风景区，奇松、怪石、云海、温泉素称黄山“四绝”，令海内外游人叹为观止。黄山有名可数的七十二峰，或崔嵬雄浑，或峻峭秀丽，布局错落有致，天然巧成。天都峰、莲花峰、光明顶是黄山的三大主峰，海拔高度皆在1800米以上。黄山的其他景观以三大主峰为中心向四周铺展，跌落为深壑幽谷，隆起成峰峦峭壁，呈现出典型的峰林地貌。

黄山不仅是峰之海，还是云之海。人们根据云层飘浮的位置所在，把它分成前海（南海）、后海（北海）、东海和西海，而平天矼是黄山前山和后山的分界，亦是新安江水系与长江水系的分水岭。

可是，这样美妙的山竟然在五岳之外，究竟是为什么呢？

据史书记载，五岳在汉朝时就已经被命名了。泰山，在商代就是我国的经济、文化中心；华山是关中要塞；嵩山是中华文明的发祥地；衡山是我国南方经济、文化的开放区。相比之下，黄山直到唐朝才有游人的踪迹，因此也就未列入五岳之名。

想一想

1. 奇松、怪石、云海、（　）素称黄山“四绝”。

A. 竹子　B. 梅花　C. 温泉

2. 黄山雄踞于风景秀丽的皖（　）山区。

A. 北　B. 南　C. 西

答案：1.C 2.B

小贴士

三山五岳

中国名山首推五岳，五岳是指东岳泰山、西岳华山、中岳嵩山、北岳恒山和南岳衡山。传说中的“三山”是“神仙”居住的地方，名曰蓬莱、方丈、瀛洲。而后，人们在五岳之外的名山中选择了新的三山，广为流传的是：安徽黄山、江西庐山、浙江雁荡山。

29 吐鲁番人为什么“围着火炉吃西瓜”

新疆有句谚语：“早穿皮袄午穿纱，围着火炉吃西瓜。”听完这句话，你一定感到特别诧异，也一定十分好奇：他们为什么要“围着火炉吃西瓜”呢？

吐鲁番远离海洋，处于盆地之中，地面升温快，降温慢，加上日照时间长，夏季气温很高。在8、9月份，瓜果已经成熟。9月下旬以后，夜晚的气温骤降，但白天的气温依然很高，昼夜温差极大，所以才有上述现象。

吐鲁番气温高，少雨，有“火洲”之称。每年6～8月份，平均气温为30℃。35℃以上的气温，全年持续5个月。40℃以上的高温时间超过40天。全年日照时间高达3000～3200小时，有10个月不见雪，年平均降水量只有16毫米，蒸发量却高达3000毫米。

火焰山横卧于吐鲁番盆地中部，由红色砂岩组成，像一条红色巨龙。火焰山几乎寸草不生，山色青红似火，夏季十分酷热。这里是全国最热的地方，夏季最高气温达47.8℃，地表最高温度达70℃以上。

想一想

1. 吐鲁番远离（　），处于盆地之中，地面升温快，降温慢。

A. 海洋　B. 高原　C. 盆地

2. （　）横卧于吐鲁番盆地中部。

A. 火焰山　B. 泰山　C. 黄山

答案：1.A 2.A

小贴士

传奇火焰山

中国经典名著《西游记》中，唐僧师徒西天取经路上经过火焰山时，形容它“八百里火焰，周围寸草不生”。这当然有些夸张，但实际上火焰山也确实荒山秃岭，寸草不生。每当盛夏，红日当头，地气蒸腾，烟云缭绕，赭红色的山体形如飞腾的火龙，十分壮观。

29 地球上的氧气会用完吗

氧是人类和动植物呼吸所必需的气体，但是，地球上的氧气会有用完的一天吗？

从科学的角度讲，地球上的氧气在短期内是不会缺乏的，因为氧气是可以再生的。大自然中，森林及其他绿色植物就是制造氧气的工厂。这些植物通过光合作用，吸收大气中的二氧化碳、土壤中的水分和溶解在土壤溶液中的无机矿物养料，制造有机物，储存太阳能，同时释放出新鲜的氧气。每天，当阳光照射在植物叶子上时，这种光合作用就开始了。这样的制氧工厂能源源不断地供应新鲜氧气。

但是，人们也不无忧虑，因为我们周围的空气在不停地老化。空气老化的标志就是空气中的氧气含量及其质量下降。科学家忠告人们，应加强危机意识，不要人为地破坏生态环境，要大力植树造林，增加绿化面积，治理“三废”，减少大气污染，保护好我们的生存环境。

想一想

阳光照射在植物叶子上时，（ ）作用就开始了。

A. 光合 B. 同化 C. 异化

答案：A

小贴士

三废污染

工业三废指废水、废气、废渣。三废不加处理排入环境，会破坏生态环境，导致人类及其他生物中毒，影响人们的身体健康和生活环境，所以说三废是十分严重的公害。

30 为什么雨水不能喝

首先我们要知道雨水是怎样形成的。空气中的水汽遇冷后凝结成小水滴，渐渐发展成厚厚的云层，当不断上升的空气托不住云层时，水滴就落到地面上，形成雨水。

雨水在下降的过程中，要经过大气层。我们知道，工厂排出的废气和我们生活中的汽车尾气等大量有害气体，都排在大气中。刮风天气，地面上许多浮土也被大风带进大气中。这些气体中含有大量的二氧化硫、氮氧化合物、碳化合物等。当雨滴降落时会经过大气层，并与其中的气体和粉尘黏附、溶解在一起降落到地面。

因此，我们戏称雨水是一名勤劳的“清洁工”。每次下过雨之后，我们都会感到空气比较清新，大气层中的许多有害物质，伴随着雨水被清除，天空也变得格外蓝。

现在，你们知道雨水为什么不能喝了吧？

想一想

1. 空气中的水汽（ ）后凝结成小水滴。

A. 遇冷　B. 受热　C. 降落

2. 当雨滴降落时会经过大气层，并与其中的（ ）黏附、溶解在一起降落到地面。

A. 气体和粉尘　B. 雾　C. 云

小贴士

生活中的“雨”

我们在浴室洗澡时，常看见水汽依附在镜子上，使光亮的镜子变得模糊。而当水汽慢慢积累时，凝结在镜子上的小水滴也会渐渐变大，最终落下来。这同雨形成的道理，其实是一样的。

答案：1.A 2.A

31 为什么南京会出现“雨花石”

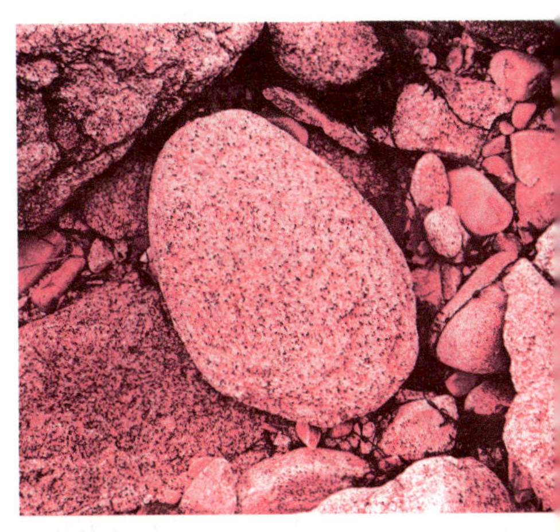

南京雨花台的雨花石天下闻名，是著名的收藏品。尤其是碰到降雨，雨滴打湿了石子后更是鲜艳夺目，因此得名“雨花石”。这么美丽的雨花石究竟是从哪里来的呢？

原来，它们来自于长江上游。2000 多万年前，长江上游的地壳曾经发生过剧烈运动，在高温、高压的作用下，岩浆和一些有机物、无机物混合在一起，形成了各种颜色的岩石。这些岩石经过了很长时间的日晒雨淋，风化成了小石块。它们被流水带入长江上游，沉积在这段河床底部。小石子从上游山区流到南京，在河水的冲洗和石子之间的相互碰撞和摩擦下，逐渐变小，棱角也被磨光了，于是形成了今天的卵形雨花石。日久天长，石子在河床中越积越多，河道被填塞，因此，河水只好另“谋”出路，从其他的途径流入大海，雨花石就露出地面，成为人们的观赏石。

想一想

1. 南京的雨花石来自（　）。

A. 长江上游　B. 长江中游　C. 黄河上游

2. 雨花石的年龄有（　）。

A. 2 亿多年　B. 2000 多万年　C. 2000 多年

答案：1.A 2.B

小贴士

中国四大奇石

中国四大奇石指的是产于安徽省灵璧县磬石山的灵璧石，产于江苏省太湖一带的太湖石，产于江苏省昆山的昆石以及产于广东省英德县英德山的英石。其中，昆石又与太湖石、雨花石一起被称为“江苏三大奇石”。

参考文献

[1] 刘畅 . 孩子最感兴趣的 101 个地理奥秘 [M]. 北京：海豚出版社，2006.

[2] 陈燕 . 青少年必知的自然科学知识全集 [M]. 北京：中国长安出版社，2006.

[3]《中国少年儿童百科全书》编委会 . 中国少年儿童百科全书 [M]. 北京：北京少年儿童出版社，2005.

[4] 侯景华 . 十万个为什么 [M]. 兰州：甘肃文化出版社，2005.

[5] 常和 . 科学百科 [M]. 郑州：海燕出版社，2004.

[6] 邢涛，纪江红 . 中国儿童科学探索百科全书 [M]. 北京：北京出版社，2004.

[7] 邢涛，纪江红 . 十万个为什么：青少年版 [M]. 北京：北京出版社，2003.